FORSCHUNGSBERICHTE DES LANDES NORDRHEIN-WESTFALEN

Nr. 1954

Herausgegeben im Auftrage des Ministerpräsidenten Heinz Kühn
von Staatssekretär Professor Dr. h. c. Dr. E. h. Leo Brandt

Dipl.-Phys. Gerd Grenz

Rhein.-Westf. Techn. Hochschule Aachen
Institut für Elektrische Anlagen und Energiewirtschaft
Lehrauftrag Leistungsreaktoren
Prof. Dr. phil. Dr.-Ing. Heinrich Mandel

Systematische Untersuchung zur Frage der optimalen Nutzung eines Unterrichtsreaktors für Ausbildungszwecke unter Berücksichtigung der fachlichen Anforderungen der Industrie an die Absolventen

WESTDEUTSCHER VERLAG · KÖLN UND OPLADEN 1968

ISBN 978-3-663-03925-9   ISBN 978-3-663-05114-5 (eBook)
DOI 10.1007/978-3-663-05114-5

Verlags-Nr. 011954

Gesamtherstellung: Westdeutscher Verlag

Vorwort

Durch die im letzten Jahrzehnt sich anbahnende rasche Entwicklung der Reaktortechnik,
die ihre Ursache insbesondere in einer stetig verbesserten Ausnutzung der Kernenergie
für die Elektrizitätserzeugung findet, wurde die Aufnahme von Lehrfächern über
Reaktorphysik und Reaktortechnik in die Studienpläne der Hochschulen erforderlich,
da seitens der Industrie die Nachfrage nach qualifizierten Ingenieuren dieser Fachrichtung immer größer wurde.

In einem Fachgebiet, das in mancher Hinsicht auf sehr komplexen und noch kaum in die
alltägliche Erfahrung eingegangenen Phänomenen aufbaut, ist es notwendig, daß neben
der Übermittlung des Wissens in Vorlesungen und Übungen die wichtigsten Erkenntnisse auch mit Hilfe gut vorbereiteter und richtig ausgestatteter Praktika vertieft werden.
Durch die Entwicklung eines Kernreaktors, der speziell für Unterrichtszwecke ausgelegt
wurde, bietet sich in idealer Weise die Möglichkeit, ein solches Praktikum vielseitig und
praxisnahe zu gestalten.

Im vorliegenden Bericht werden die Aufgaben des Ingenieurs in den verschiedenen Bereichen der Reaktorindustrie aufgezeigt. Die Folgerungen, die sich daraus ergeben, bestimmen den Aufbau eines reaktortechnischen Praktikums und den Einsatz des Unterrichtsreaktors für die Ausbildung von Ingenieuren.

Inhalt

1. Einleitung 7

2. Aufgaben des Ingenieurs in der Reaktorbauindustrie 8

    2.1   Abteilung Mathematik – Physik 9
    2.2   Abteilung Thermodynamik............................... 9
    2.3   Abteilung Meß- und Regeltechnik........................ 10
    2.4   Abteilung Werkstoffkunde 10
    2.5   Abteilung Experimente und Versuchsanlagen 11
    2.6   Konstruktionsabteilung................................ 11
    2.7   Abteilung Sicherheit 11

3. Tätigkeit des Ingenieurs im Kernkraftwerk 12

    3.1   Abteilung Betrieb und Wartung 12
    3.2   Elektroabteilung...................................... 13
    3.3   Abteilung Chemie und Strahlenschutz 13
    3.4   Abteilung Physik 13

4. Beschreibung des Siemens-Unterrichts-Reaktors 13

    4.1   Aufbau 14
    4.2   Sicherheitseinrichtungen 16
    4.3   Instrumentierung 17
    4.4   Experimentiereinrichtungen 20

5. Einsatzmöglichkeiten eines kleinen Nulleistungsreaktors.................. 21

    5.1   Experimente am Reaktor ohne Zusatzgeräte 21
    5.1.1 Qualitatives Reaktorverhalten.......................... 21
    5.1.2 Annäherung an den kritischen Zustand 23
    5.1.3 Eichung der Regelstäbe 23
    5.1.4 Einflußfunktionen 24
    5.1.5 Wirkungsquerschnittsmessung nach der »Danger-Coefficient-Methode« 25

    5.2   Experimente am Reaktor mit einfachen Zusatzgeräten 26
    5.2.1 Das Strahlenfeld des Reaktors 26
    5.2.2 Temperaturkoeffizient der Reaktivität.................. 26
    5.2.3 Nachweis von Neutronen 27
    5.2.4 Neutronenflußdichteverteilung im Reaktor 28
    5.2.5 Transmissionsexperiment 28

    5.3   Weitere Zusatzeinrichtungen zum Unterrichtsreaktor 29
    5.3.1 Reaktoroszillator...................................... 29
    5.3.2 Unterkritische Anordnung 30
    5.3.3 Gepulste Neutronenquelle.............................. 31
    5.3.4 Korrelationsmeßverfahren.............................. 31

6. Vorschlag zur Gliederung eines Reaktorpraktikums 32

    6.1   Versuche zur Kernphysik 32
    6.1.1   Grundlagen der Strahlenmeßtechnik und des Strahlenschutzes 32
    6.1.2   Elektronik der Strahlenmeßtechnik 33
    6.1.3   Gesetze des radioaktiven Zerfalls – Statistik 33
    6.1.4   Szintillationszähler – Gammaspektrometrie 33
    6.1.5   Betastrahlung – Gammaabsorption – Schichtdickenmessung 34
    6.1.6   Gasdurchflußzähler 34
    6.1.7   Messungen an einer Koinzidenzanordnung 35
    6.1.8   Nachweis von Neutronen 35

    6.2   Versuche am Unterrichtsreaktor 35
    6.2.1   Anfahrübung 35
    6.2.2   Regelstabeichung 35
    6.2.3   Neutronenflußdichteverteilung im Reaktor 35
    6.2.4   Einflußfunktionen 36
    6.2.5   Transmissionsexperiment 36
    6.2.6   Neutronenspektrum 36
    6.2.7   Reaktoroszillator 36
    6.2.8   Halbwertszeiten der verzögerten Neutronen 36
    6.2.9   Messungen mit einer gepulsten Neutronenquelle 37
    6.2.10 Reaktivitätsbestimmung mittels einer gepulsten Neutronenquelle 37
    6.2.11 Unterkritische Anordnung 37
    6.2.12 Analogrechner 37

7. Beurteilung der Ausbildungsmöglichkeiten an einem Unterrichtsreaktor 37

8. Zusammenfassung 38

9. Literaturverzeichnis 39

1. Einleitung

Es erscheint nicht übertrieben zu behaupten, daß es heute kaum ein Gebiet der Naturwissenschaft und Technik gibt, in dem nicht in zunehmendem Maße kernphysikalische oder radiochemische Meßmethoden mit Erfolg angewendet werden.

Die Reaktorbaufirmen sind schon jetzt in der Lage, Kernkraftwerke mit 600 MW elektrischer Leistung zu erstellen, deren Stromerzeugungskosten niedriger liegen als die vergleichbarer Kraftwerke auf Steinkohlen- oder Ölbasis.

Wenn man bedenkt, daß gerade 25 Jahre vergangen sind, seit ENRICO FERMI am 2. 12. 1942 in Chicago den ersten Kernreaktor der Welt in Betrieb nahm, dann erhält man einen Eindruck von der Geschwindigkeit, mit der die Entwicklung der Kerntechnik in den letzten Jahren fortgeschritten ist. Und doch sind die durch die Isotopentechnik gegebenen zeit- und kostensparenden Möglichkeiten in der deutschen Industrie noch vielfach unbekannt. Der Reaktorbauindustrie fehlen qualifizierte Ingenieure, die über ausreichende Grundkenntnisse auf dem Gebiet der Kerntechnik verfügen.

Die Ursache für diese Situation dürfte darin zu sehen sein, daß die Bundesrepublik Deutschland sich auf Grund der internationalen Vertragslage erst ab 1955 in nennenswertem Umfang mit Forschung und Entwicklung auf dem Gebiet der Atomtechnik beschäftigen durfte, und der dadurch bedingte Rückstand gegenüber den übrigen hochindustrialisierten Nationen noch nicht auf allen Gebieten aufgeholt ist.

Daraus ergibt sich die Notwendigkeit, alle angehenden Ingenieure – insbesondere Diplomingenieure – wenigstens mit den Grundlagen der Kerntechnik und Strahlenmeßtechnik vertraut zu machen und ihnen das nötige Grundwissen zu vermitteln, das sie in die Lage versetzt, eigene konstruktive Lösungen unter Verwendung der »neuen Technik« zu finden oder zusammen mit Kollegen anderer Fachrichtungen an der Entwicklung neuer Reaktorkonzepte zu arbeiten.

Ohne auf die Problematik der Forderung nach Aufnahme des Faches Kerntechnik in den Studienplan für alle Studierenden der Abteilung Maschinenbau einzugehen, behandelt der vorliegende Bericht in erster Linie die Ausbildungsmöglichkeiten für Diplomingenieure der Fachrichtung Reaktortechnik an einem Unterrichtsreaktor, d. h. an einem speziell für diesen Zweck entwickelten Nulleistungsreaktor. Da angenommen werden kann, daß ein großer Prozentsatz der Praktikumsteilnehmer nach Beendigung des Studiums in der Industrie weiter an Problemen der Reaktortechnik arbeiten wird, sollte eine optimale Lösung zwischen den Anforderungen der Industrie an die Absolventen und den Möglichkeiten eines kleinen Unterrichtsreaktor gefunden werden.

In den Abschnitten 2 und 3 wird zunächst auf das Berufsbild des Diplomingenieurs in der Reaktorbauindustrie und in Kernkraftwerken eingegangen. Anschließend werden in Abschnitt 5 am Beispiel des Siemens-Unterrichts-Reaktors (SUR) die Einsatzmöglichkeiten eines Nulleistungsreaktors für ein Hochschulpraktikum untersucht. Dabei zeigte sich, daß in einem Praktikum der üblichen Dauer fast keine derartigen Versuche durchgeführt werden können, wie sie zur Zeit in der industriellen Forschung oder Entwicklung auf dem Gebiete der Reaktortechnik üblich sind. Das gilt jedoch nicht für die zeitlich und apparativ aufwendigeren Studien- und Diplomarbeiten.

Nach unseren Erfahrungen sind die Firmen in den weitaus meisten Fällen aber gar nicht daran interessiert, *was* der betreffende Hochschulabsolvent während seines Studiums aufgebaut oder gemessen hat, sondern nur daran, *daß* er experimentell gearbeitet hat.

Ferner ist es aus mancherlei Gründen wohl nie möglich, bereits Praktikumsversuche über Experimentiermethoden und -techniken anzubieten, die in der angewandten Forschung gerade aktuell sind; unter anderem deshalb, weil die auf dem Gebiet der Reaktorentwicklung tätigen Experimentatoren im allgemeinen an ganz speziellen Fragen arbeiten, die nicht mehr in den Rahmen einer Grundausbildung passen, wie sie die Hochschule vermitteln soll.

In Abschnitt 6 wird daher – wiederum am Beispiel des SUR – der unseres Erachtens beste Aufbau eines Hochschulpraktikums an einem Unterrichtsreaktor beschrieben. Das für Studierende der Reaktortechnik ab dem 5. Semester vorgesehene Reaktorlabor besteht aus zwei Teilen und erstreckt sich insgesamt über zwei Semester. Im ersten Teil soll der Student die Methoden und Meßgeräte der experimentellen Kernphysik kennenlernen, soweit sie für das Gebiet der Reaktortechnik von Bedeutung sind. Im zweiten Praktikumsabschnitt werden meßtechnische Aufgaben am Reaktor selber behandelt, wobei besonderer Wert auf die Berücksichtigung moderner nicht stationärer Meßmethoden z. B. unter Verwendung einer gepulsten Neutronenquelle gelegt wird.

Um dem Praktikumsteilnehmer ein möglichst breites Spektrum an »Erfahrungen« für seinen späteren Einsatz in irgendeiner der in Abschnitt 2 behandelten Arbeitsgruppen in der Industrie zu vermitteln, werden nach Möglichkeit Versuche aus allen Gebieten der Reaktortechnik einbezogen.

Diese Auswahl wird weitgehend durch die technische Auslegung des Unterrichtsreaktors begrenzt, die beispielsweise keinerlei Versuche auf dem wichtigen Gebiet der Wärmeübertragung zuläßt. Bewußt ausgeklammert wurden radiochemische Versuche – abgesehen von der Aktivierungsanalyse. Hier wurde vorausgesetzt, daß der Ingenieur später nur in äußerst seltenen Fällen chemische Arbeitsmethoden beherrschen muß, da die Industriefirmen fast immer über ein eigenes Chemielabor verfügen. Wir haben uns bei den ausgewählten Reaktorversuchen auf solche Experimente beschränkt, die in einem normalen halbtägigen Praktikum durchführbar sind. Bezüglich der Einsatzmöglichkeiten des Unterrichtsreaktors und seiner Zusatzgeräte für die Durchführung von Studien- und Diplomarbeiten gibt es keine Optimierung, da jede vernünftig gestellte und gelöste Aufgabe gleichermaßen zur Ausbildung des angehenden Ingenieurs beiträgt. Die Auswahl der vergebenen Themen hängt zudem weitgehend von der Ausstattung des Instituts an Zusatzgeräten und -einrichtungen und von den vom Institutsleiter bestimmten Arbeitsgebieten ab. Für den speziell an der experimentellen Reaktorphysik interessierten Studenten bietet die Mitarbeit an einem Unterrichtsreaktor (mit entsprechender Zusatzausrüstung) nahezu ideale Ausbildungsmöglichkeiten.

2. Aufgaben des Ingenieurs in der Reaktorbauindustrie

Das Berufsbild des Ingenieurs macht zur Zeit einen Wandlungsprozeß durch. Gegenüber den »klassischen« Maschinenbauern, Konstrukteuren oder Betriebsingenieuren gewinnt eine neue Gruppe immer mehr an Bedeutung: die Gruppe der Entwicklungs- und »Forschungsingenieure«. Ihr Arbeitsplatz ist im Laboratorium, wo sie zusammen mit Kollegen anderer Fachrichtungen unter Anwendung modernster Hilfsmittel, deren Kenntnis mindestens ebenso wichtig ist wie die Beherrschung der »klassischen« Grundlagen der Ingenieurwissenschaften (Strömungslehre, Wärmeübertragung, Regelungstechnik usw.) an Entwicklungs- und Forschungsaufgaben technisch-physikalischer Art arbeiten. Dies gilt insbesondere für den in der Grundlagenforschung z. B. in einer Kernforschungsanlage tätigen Ingenieur. Aber auch die Reaktorbauindustrie, d. h. die Firmen, die sich mit der Entwicklung und dem Bau von Kernreaktoren befassen, verfügen über eigene sehr gut ausgestattete Laboratorien, in denen Teilprobleme untersucht werden, die im Zusammenhang mit der Konstruktion eines speziellen Reaktors auftauchen. Die Projektierungsarbeiten für ein Kernkraftwerk reichen von der reaktorphysikalischen und thermodynamischen Berechnung des Reaktorkerns über die praktische Erprobung einzelner Werkstoffe und Anlageteile bis zur Organisation einer Großbaustelle mit hunderten von Arbeitskräften und einer Vielzahl von Zulieferfirmen.

Im folgenden werden die speziell reaktorphysikalischen und -technischen Aufgaben des Ingenieurs in der für die Projektierung und den Bau eines Kernkraftwerkes zuständigen Firma untersucht. Die hier vorgenommene Einteilung in eine Reihe von Arbeitsgruppen wird zwar von Firma zu Firma geringfügig variieren, stellt aber für die vorliegende Untersuchung eine brauchbare Arbeitsgrundlage dar. Die Aufzählung ist sicher nicht vollständig, doch enthält sie die wesentlichen, speziell durch kerntechnische Aufgaben charakterisierten Arbeitsgruppen.

2.1 Abteilung Mathematik – Physik

Die Arbeitsgruppe Physik ist für die neutronenphysikalische Berechnung des Reaktorkerns (Materialzusammensetzung, Geometrie, Abbrandberechnung etc.) sowie für das kritische Experiment und die Inbetriebnahme des Reaktors verantwortlich und setzt sich meist aus Physikern und theoretisch interessierten Ingenieuren mit fundierten reaktorphysikalischen Kenntnissen zusammen. Für diese Gruppe bedeutet es einen wesentlichen Vorteil, wenn die Mitarbeiter während ihres Studiums in einem Praktikum einmal einen ersten Eindruck davon bekommen haben, mit welcher Genauigkeit überhaupt einzelne Parameter meßbar sind und wie stark die vereinfachten Annahmen, die den üblichen Rechenmodellen zugrunde liegen, von den Meßergebnissen abweichen.

Die für baureife Unterlagen geforderte Genauigkeit der Rechnungen und die dadurch bedingte Anwendung komplizierterer Rechenverfahren machen den Einsatz von Digital- und Analogrechnern unumgänglich. In manchen Fällen wird daher die Arbeitsgruppe Physik durch eine Arbeitsgruppe Mathematik ergänzt, der die numerische Vorbereitung und Durchführung der von den Physikern gestellten Probleme auf den Rechenmaschinen obliegt.

2.2 Abteilung Thermodynamik

Die Aufgaben der Gruppe Thermodynamik sind ebenfalls z. T. theoretisch-rechnerischer Art. Aus der von der Physikgruppe vorgegebenen Spaltstoff- und Neutronenflußverteilung werden die Temperaturverteilung im Reaktor berechnet und die Kühlkanäle und die übrigen Kreislaufkomponenten thermisch und strömungstechnisch so ausgelegt, daß die Grenzwerte der zulässigen Betriebszustände (Temperaturen, Materialspannungen, Heizflächenbelastung etc.) nicht überschritten und trotzdem optimale thermische Leistungsdichten erzielt werden.

Da aber viele Wärmeübertragungsgesetze (z. B. beim Sieden von flüssigen Kühlmitteln) bisher noch nicht theoretisch hergeleitet werden können und man außerdem in Reaktoren aus neutronenökonomischen Gründen meist Werkstoffe und Kühlmittel verwendet, deren thermodynamische Eigenschaften in den in Frage kommenden Temperatur- und Wärmestrombereichen auch empirisch noch nicht bekannt sind, ist man auf umfangreiche thermodynamische Vorversuche an Brennelementen bzw. Kühlkanälen angewiesen.

Zumindest für die Weiterentwicklung der sogenannten erprobten Reaktortypen ist die Arbeit der Gruppe Thermodynamik heute wichtiger geworden als die neutronenphysikalische Auslegung des Reaktors. Fragen der Wärmeübertragung spielen deswegen eine so wesentliche Rolle, weil man bestrebt ist, die von konventionellen Kraftwerken her gewohnten günstigeren Dampfzustände und damit höhere thermodynamische Wirkungsgrade zu erzielen.

2.3 Abteilung Meß- und Regeltechnik

Die Arbeit der Gruppe Meß- und Regeltechnik umfaßt die Analyse des dynamischen Verhaltens des Reaktors, die Festlegung des Regelkonzepts und die Auslegung der Instrumentierung. Die dynamische Analyse eines Reaktors erfordert zugleich Kenntnisse über die kernphysikalischen Zusammenhänge der Neutronenkinetik und das thermodynamische Verhalten des Reaktors in Verbindung mit den übrigen Kreislaufkomponenten.

Die Regeltechniker arbeiten meist mit Analogrechnern und Simulatoren; für sie bietet das Praktikum am Unterrichtsreaktor eine gute Gelegenheit, das kinetische Verhalten eines echten Reaktors bei vorgegebenen Reaktivitätsänderungen kennenzulernen und einen Eindruck von den tatsächlichen Änderungsgeschwindigkeiten des Neutronenflusses zu erhalten. Besonders günstig erscheint folglich die Ergänzung des Reaktorpraktikums durch einige Aufgaben an einem Analogrechner (oder auch Reaktorsimulator) zu sein, so daß fast gleichzeitig das tatsächliche Reaktorverhalten und das am Analogrechner simulierte Verhalten beobachtet werden können.

Zu den auch für konventionelle Kreisläufe üblichen Instrumentierungen kommen in einer Reaktoranlage vor allem Instrumente zur Überwachung der Radioaktivität. Bei den Angehörigen der Meß- und Regelgruppe wird daher spezielles Wissen auf dem Gebiet der Elektronik und Strahlenmeßtechnik vorausgesetzt, das – zumindest soweit der letzte Punkt betroffen ist – sehr gut an einem Unterrichtsreaktor erworben werden kann.

2.4 Abteilung Werkstoffkunde

Eine weitere sehr wichtige Abteilung ist die Werkstoffgruppe. Ihre Aufgabe ist die Ermittlung der Beanspruchungsgrenzen für die verschiedenen Materialien im Hinblick auf Temperatur-, Korrosions- und Strahlenbeständigkeit. Bei Verwendung neuartiger Werkstoffe (z. B. neuer Legierungen für Brennelementhüllen) sind zeitraubende Bestrahlungsexperimente in Forschungsreaktoren notwendig.

Zahlreiche Werkstoffprobleme treten speziell bei der Brennelemententwicklung und -herstellung auf. Erwähnt seien hier nur Phasenumwandlungen des Brennstoffs, Thermocycling als Testmethode, Abbrandexperimente und Fragen der Wiederaufbereitung des Brennstoffs.

Die im Reaktorbau tätigen Werkstoffspezialisten müssen lernen, daß der Begriff der »Reinheit« eines Materials nuklear eine ganz andere Bedeutung hat als etwa in der Chemie. Chemisch schwer feststellbare minimale Verunreinigungen können – bei entsprechend hohem Neutronenabsorptionsquerschnitt der Verunreinigung – einen Werkstoff unter Umständen für reaktortechnische Zwecke unbrauchbar machen. Daher ist die Bestimmung der nuklearen Stoffwerte der verwendeten Materialien während der Entwicklungsarbeiten und später bei der Fertigung eine wichtige Aufgabe der Werkstoffgruppe.

Bereits an einem Nulleistungsreaktor können die Aktivierungsanalyse als empfindlichster Reinheitstest sowie verschiedene Methoden der Wirkungsquerschnittsmessung demonstriert werden, wenn auch die erzielbare Genauigkeit nicht zu vergleichen ist mit der großer Forschungsreaktoren.

2.5 Abteilung Experimente und Versuchsanlagen

Alle bisher behandelten Fachgruppen können bei der Durchführung von Versuchen auf die Dienste der Arbeitsgruppe Experimente und Versuchsanlagen zurückgreifen. Diese Gruppe ist für die Durchführung von Bestrahlungsexperimenten in Forschungsreaktoren, für die Planung und Ausführung großtechnischer Versuche (z. B. mit Natriumkühlung) sowie für die Prüfung einzelner Anlagekomponenten verantwortlich.

Die meisten Firmen verfügen zudem über eine unterkritische Anordnung oder einen kleinen Nulleistungsreaktor, an denen reaktorphysikalische Untersuchungen an speziellen Brennstoff-Moderator-Konfigurationen durchgeführt werden können. Bei der weitaus größten Zahl der experimentellen Untersuchungen handelt es sich um Reaktivitäts- und um Flußverteilungsmessungen.

Während es in der Experimental*physik* meist darum geht, universelle Konstanten oder Zusammenhänge zu messen, erfüllen die Experimente in der *Reaktor*physik – da ihre Ergebnisse nur für ganz bestimmte Anordnungen gültig sind – meist nur Hilfsfunktionen zur Prüfung der angewendeten Rechenmethoden.

Gegenüber der Anfangszeit der Reaktortechnik ist die Anwendung kritischer Nulleistungsexperimente im Maßstab 1:1 vor dem Bau des eigentlichen Reaktors stark zurückgegangen. Das liegt neben Zeit- und Kostenfragen an der Güte der heutigen Rechenmethoden, die eine experimentelle Nachprüfung der kritischen Masse, Flußverteilung etc. erübrigt.

Heute interessieren – wenn überhaupt – nur kritische Experimente bei den Betriebstemperaturen der Leistungsreaktoren. Dazu müßte aber bei der Auslegung der Nulleistungsexperimente ein wesentlich größerer Aufwand getrieben werden, der häufig nicht mehr gerechtfertigt erscheint.

In der Experimentalgruppe arbeiten vor allem Physiker und Versuchsingenieure. Es werden Erfahrung im experimentellen Arbeiten und gute Kenntnisse der Elektronik vorausgesetzt. Die Teilnahme an einem Reaktorpraktikum vermittelt einen kleinen Teil des benötigten Wissens.

2.6 Konstruktionsabteilung

Der Konstruktionsgruppe obliegen die im Maschinenbau üblichen Aufgaben mit der Einschränkung, daß für einige Teile des Reaktorkerns von der Gruppe Physik bestimmte, aus neutronen-ökonomischen Gründen ausgewählte Werkstoffe vorgeschrieben werden; z. B. Aluminium oder Zirkaloy. Die dadurch bedingten Probleme der Verfügbarkeit und Bearbeitbarkeit werden in Zusammenarbeit mit der Werkstoffgruppe behandelt.

2.7 Abteilung Sicherheit

Bekanntlich gehen die Sicherheitsforderungen zum Schutz der Bevölkerung in der Umgebung eines Kernkraftwerkes gegen radioaktive Strahlung in Normalbetrieb sowie bei möglichen Störungen oder Unfällen weit über das sonst in der Technik übliche Maß hinaus. Daraus ergeben sich umfangreiche rechnerische und meßtechnische Aufgaben der Sicherheitsgruppe. In ihr Aufgabengebiet fallen neben der theoretischen Analyse

und Berechnung des größten anzunehmenden Unfalls alle Probleme der Aktivitäts-
bestimmung, Abschirmungsberechnungen und allgemeine Strahlenschutzfragen sowie
die Zusammenstellung des Sicherheitsberichtes.
Daraus ergibt sich, daß die Mitglieder der Sicherheitsgruppe gute kernphysikalische
Kenntnisse besitzen und über Erfahrung auf dem Gebiet des Strahlenschutzes und der
Strahlenmeßtechnik verfügen sollen.
Die Sicherheitsgruppe arbeitet eng mit den anderen Arbeitsgruppen zusammen: so
z. B. mit der Gruppe Regeltechnik in Fragen der Instrumentierung, mit den Gruppen
Physik und Thermodynamik in Fragen der Aktivitätsberechnung in den einzelnen Kühl-
kreisen und Hilfssystemen, mit der Konstruktionsgruppe in Fragen der Abschirmung
und Wartung von Aktivität führenden Anlageteilen usw.
Überhaupt soll die oben vorgenommene Einteilung in bestimmte Gruppen kein starres,
zu Kompetenzstreitigkeiten führendes System bedeuten; es muß vielmehr auf unbedingte
Zusammenarbeit der Gruppen untereinander geachtet werden, und es ist die obige
Gruppeneinteilung somit nur als Skelett für diese Darstellung anzusehen.
In diesem Sinn kann es nicht die Aufgabe der Hochschule sein, jeweils ein für Werkstoff-
kundler oder Regeltechniker optimales Reaktorpraktikum aufzustellen. Im Gegenteil erscheint es wünschenswert, ein Praktikum mit einem möglichst breiten »Spektrum« an
Versuchen aufzubauen, um den Teilnehmern auch Kenntnis der Arbeitsmethoden der
übrigen Gruppen zu vermitteln, so daß später eine gewinnbringende Zusammenarbeit
der einzelnen Fachgruppen untereinander ermöglicht wird.

3. Tätigkeit des Ingenieurs im Kernkraftwerk

Im Kernkraftwerk gibt es ebenso wie im konventionellen Kraftwerk nur wenige Stellen
für Akademiker. Das liegt einfach daran, daß das Kraftwerkspersonal vorwiegend zur
Beaufsichtigung und Wartung weitgehend automatisch arbeitender Maschinen eingesetzt ist. So besteht die Belegschaft des Versuchsatomkraftwerks Kahl (VAK) z. B.
aus ca. 90 Personen, unter denen 4 Akademiker sind: 2 Maschinenbauer, 1 Elektro-
techniker und 1 Chemiker. Je mehr auch die Kernkraftwerke »konventionell« werden,
desto geringer wird die Zahl der dort beschäftigten Akademiker werden. Es genügt daher
hier, die personelle Organisation eines Kernkraftwerkes nur kurz zu erwähnen.
Es ist nicht sinnvoll, beim Kernkraftwerk zwischen einem »nuklearen« und einem
»konventionellen« Teil zu unterscheiden. Im Kernkraftwerk Gundremmingen z. B.
gehört die Turbine – ein durchaus konventionelles Bauelement – zum Kontrollbereich,
der im besonderen Maße der Abteilung Strahlenschutz unterstellt ist.

Man findet in jedem Kernkraftwerk in etwa folgende Einteilung:

3.1 Abteilung Betrieb und Wartung

Der Abteilungsleiter ist in der Regel ein Diplomingenieur der Fachrichtung Maschinenbau. Ihm unterstehen ein bis zwei Fachschulingenieure als Assistenten.
Die Abteilung ist für den gesamten Schichtbetrieb, Fragen des Personaleinsatzes für
Wartungsarbeiten und für die Werkstätten zuständig. Außerdem obliegt ihr die personelle Organisation und Durchführung des Brennstoffwechsels im Reaktor.

3.2 Elektroabteilung

Abteilungsleiter und Assistent werden im allgemeinen so ausgewählt, daß einer Stark-strom- und der andere Schwachstromingenieur ist. Da in jedem Kraftwerk eine Elektro-nikwerkstatt mit entsprechend ausgebildeten Meistern vorhanden ist, braucht nicht un-bedingt ein Diplomingenieur der Fachrichtung Fernmeldetechnik eingestellt zu werden. In größeren Kraftwerken mit eigenen Schaltanlagen wird dagegen in jedem Fall ein Starkstromingenieur benötigt.

3.3 Abteilung Chemie und Strahlenschutz

In jedem Kraftwerk ist ein Chemiker beschäftigt, der für die laufend anfallenden Wasser- und Gasanalysen zuständig ist. Im Kernkraftwerk wird dem Chemiker zweckmäßiger-weise auch die Abteilung Strahlenschutz unterstellt; denn eine der wesentlichsten Auf-gaben dieser Abteilung ist es, Kontaminationen zu entdecken und – mit chemischen Mitteln – zu beseitigen.

3.4 Abteilung Physik

Bei großen Kernkraftwerken wird es eine eigene Physikabteilung geben, die alle Fragen zu behandeln hat, die mit dem Brennstoff zusammenhängen wie Transport, Lagerung, Umsetzplan für die Brennelemente im Reaktor, Abbrandmessungen usw. Außerdem bestimmt diese Gruppe das sogenannte Regelstabbild, d. h. die Regelstabkonfiguration, bei der die bezüglich Abbrand und Leistungsverteilung im Reaktorkern optimale Fluß-verteilung erreicht wird. Meßtechnisch führt die Physikabteilung zusammen mit der Elektroabteilung eventuelle Incoremessungen durch, z. B. Flußverteilungsmessungen im Reaktorkern.
Die Bedeutung praktischer Erfahrung in der Reaktormeßtechnik (z. B. Messung von Flußverteilungen, Reaktivitätsmessungen usw.) für die Physikgruppe ist offensichtlich. Aber auch die Leiter der übrigen Abteilungen sollten über eine gründliche theoretische und praktische Ausbildung auf dem Gebiet der Reaktorphysik verfügen. Dabei sollten sie auch solche Versuche durchgeführt haben, die in der Praxis des Kraftwerks nie vor-kommen (z. B. Bestimmung von Resonanzintegralen, Diffusionslängen etc.) – schon allein um den Untergebenen entsprechende Fragen beantworten zu können. Außerdem ver-mittelt ein Praktikum die richtige Einstellung zur Größe und Genauigkeit der gemesse-nen Parameter.
Aus dem Gesagten ergibt sich, daß für die optimale Ausbildung von Diplomingenieuren, die später in einem Kernkraftwerk arbeiten wollen, kein eigenes Reaktorpraktikum er-forderlich ist. Auch hier ist es wünschenswert, wenn im Praktikum Versuche aus allen Teilen der Reaktortechnik durchgeführt werden.

4. Beschreibung des Siemens-Unterrichts-Reaktors

Die technische Auswertung der Kernspaltung führte zur Entwicklung einer Vielzahl von Reaktortypen. Vom Gesichtspunkt des Verwendungszweckes her kann man im wesentlichen drei Typen unterscheiden:

Leistungsreaktoren dienen ausschließlich der Umwandlung der bei der Kernspaltung frei werdenden thermischen Energie in elektrische Energie.

– Forschungsreaktoren sind durch einen besonders flexiblen Aufbau und hohe Neutronenflußdichte gekennzeichnet, die sie zum wichtigsten Experimentiergerät des Neutronenphysikers und Reaktortechnikers machen.
– Eine weitere Gruppe bilden die Nulleistungsreaktoren, die sich von den beiden anderen Typen durch ihre wesentlich geringere Leistung unterscheiden. Ihr Vorteil gegenüber Forschungsreaktoren liegt in den niedrigen Anschaffungs- und Betriebskosten und der Unterbringmöglichkeit in normalen Laboratoriumsräumen in der meist dicht besiedelten Umgebung einer Universität oder Hochschule.

Der Entschluß, neben den bereits vorhandenen Forschungsreaktoren solche speziellen Unterrichtsreaktoren zu entwickeln und zu bauen, resultiert aus der Überlegung, daß Forschungsreaktoren im Betrieb zu aufwendig, vor allem aber im Interesse der laufenden Forschungsaufgaben zu wertvoll sind, um für Routinepraktika eingesetzt zu werden.
Die wesentlichen Forderungen an einen Ausbildungsreaktor – geringe Anschaffungskosten und einfache und inhärent sichere Konstruktion, die nicht der sonst üblichen umfangreichen Sicherheitsmaßnahmen bedarf – lassen sich nur erfüllen unter Verzicht auf größere Leistungen und damit auf viele erst bei großen Reaktoren mögliche Anwendungen. Wegen ihrer geringen Neutronenflußdichte und der für kernphysikalische Absolutmessungen unzureichenden Möglichkeiten können Unterrichtsreaktoren daher kein Ersatz für Forschungsreaktoren sein. Trotzdem stellt ein solcher Nulleistungsreaktor ein geeignetes Hilfsmittel zur praktischen Grundausbildung von Studenten der Reaktortechnik dar; denn viele neutronenphysikalische und für das Betriebsverhalten eines Reaktors spezifische Effekte können auch am Unterrichtsreaktor demonstriert werden. Ein weiterer Vorteil ist darin zu sehen, daß der Student den Grundaufbau des Reaktors sofort übersehen und damit die physikalisch wichtigen Zusammenhänge verstehen kann.
Dies gilt insbesondere für den im folgenden zu betrachtenden Siemens-Unterrichts-Reaktor (SUR), der von vornherein lediglich als Ausbildungsreaktor konzipiert wurde und unseres Wissens der einzige von der europäischen Reaktorindustrie in dieser Größe angebotene Reaktor ist.

4.1 Aufbau

Es handelt sich hierbei um einen homogenen Feststoffreaktor. Der Brennstoff ist U_3O_8-Pulver, das homogen mit dem Moderator, Polyäthylen, vermischt und zu Platten verschiedener Dicke und ca. 24 cm Durchmesser gepreßt ist. Das Uranoxyd ist 20% angereichert, d. h. es enthält 20 Gew.-% des allein spaltbaren Isotops U^{235}.
Der Reaktorkern besteht aus einer zylindrischen Schichtung von etwa 10 Brennstoffplatten und hat eine Höhe von ca. 26 cm (vgl. Abb. 1 und 2).
Das Moderator-Brennstoff-Verhältnis ist so gewählt, daß die Dichte des U^{235} $0,06$ g/cm^3 beträgt. Damit ergibt sich eine kritische Masse von weniger als 700 g U^{235}.
Die thermische Dauerleistung und die maximale thermische Neutronenflußdichte des SUR 100 sind 100 mW bzw. $6,2 \cdot 10^6$ cm^{-2} sec^{-1}. Wegen der geringen Leistung tritt keine merkliche Erwärmung während des Betriebes auf, so daß eine Kühlung des Reaktors nicht erforderlich ist.
Der Abbrand des Kernbrennstoffs sowie die Strahlenschädigung des Polyäthylens sind wegen der geringen Neutronenflußdichte vernachlässigbar, und damit ist die Lebensdauer des Reaktors praktisch unbegrenzt.
Der Reaktorkern ist allseitig von einem Graphitreflektor von 20 cm Dicke umgeben, in

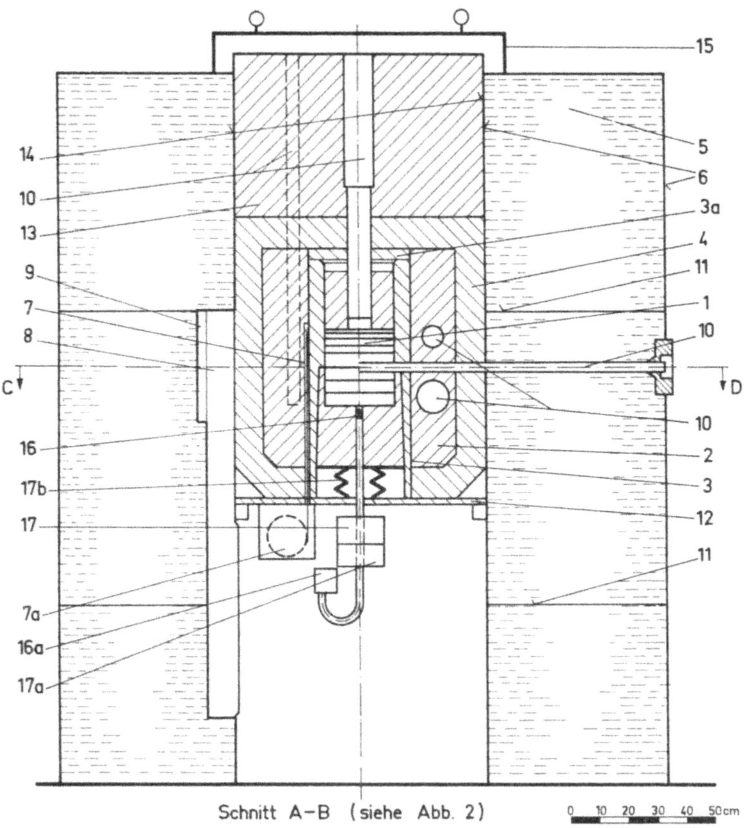

Abb. 1 Siemens-Unterrichts-Reaktor (Längsschnitt)

1	Reaktorkern	10	Experimentierkanäle
2	Reflektor (Graphit)	11	Versteifungsblech mit Aussparungen
3	Reaktorkessel	12	Stahlplatte
3a	Deckel des Reaktorkessels	13	thermische Säule (Graphit)
4	innere Abschirmung (Blei)	14	Wanne für die thermische Säule
5	äußere Abschirmung	15	Abschirmhaube (borhaltiger Kunststoff)
	(borhaltiges Wasser)	16	Neutronenquelle
6	Ringtank	16a	Antrieb für die Neutronenquelle
7	Regelplatte	17	Kernhubwerk
7a	Regelplattenantrieb	17a	Antrieb für das Kernhubwerk
8	Neutronenmeßstelle	17b	Dichtmembran am Reaktorkessel (innen)
9	Meßstellenreflektor		

dem zwei Absorberplatten aus Cadmium zur Regelung des Reaktors bewegt werden
können. Das Abschalten geschieht außerdem durch Trennen der Reaktorkernhälften.
Als Abschirmung für Neutronen und Gammastrahlung dient eine 10 cm starke Blei-
schicht sowie ein 60 cm dicker Wassermantel, der einen Zusatz von Borsäure zur Absorption thermischer Neutronen enthält.
Der gesamte innere Reaktorbereich, d. h. Reaktorkern, Graphitreflektor, Bleiabschir-
mung und Regelplatten, ruht auf einer Grundplatte aus Stahl, die ihrerseits auf einem
an die Innenwand des äußeren Reaktorkessels angeschweißten Profilring aufliegt. Der
Montageraum unterhalb der Grundplatte ist durch eine ebenfalls mit Wasser und Bor-

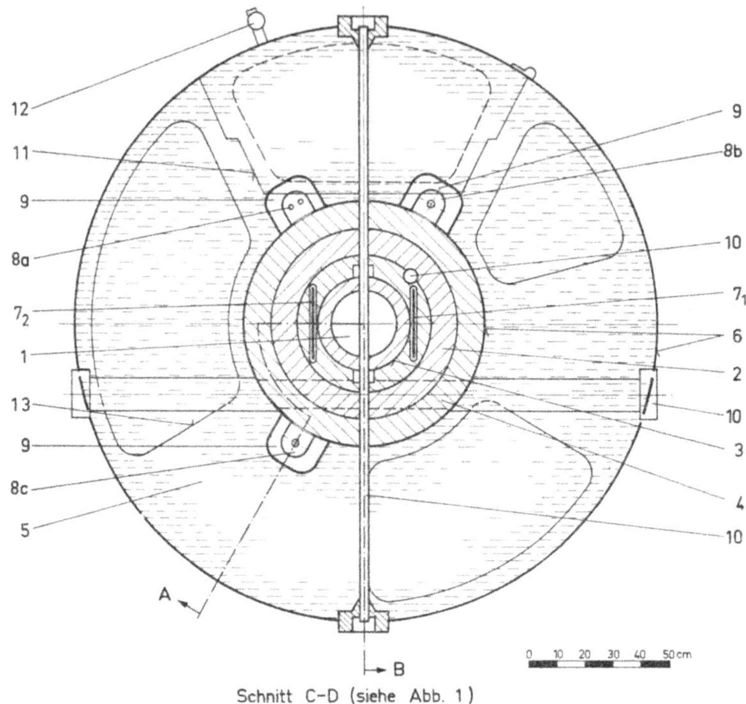

Abb. 2 Siemens-Unterrichts-Reaktor (Querschnitt)

1	Reaktorkern	8a	Zwei BF_3-Zählrohre
2	Reflektor	8b	Ionisationskammer (log. Kan.)
3	Reaktorkessel	8c	Ionisationskammer (lin. Kan.)
4	innere Abschirmung (Blei)	9	Meßstellenreflektoren
5	äußere Abschirmung	10	Experimentierkanäle
	(borhaltiges Wasser)	11	Tür im Ringtank
6	Ringtank	12	Türgriff mit Wasserstandsanzeige
7	Regelplatten	13	Versteifungsblech mit Aussparungen

säurezusatz gefüllte Türe zugänglich. Insgesamt hat der Reaktorkessel einen Durchmesser von 210 cm und eine Höhe von 330 cm. Er wiegt ca. 15 t.

Zum Anfahren des Reaktors ist – wie bei allen Reaktoren – eine Neutronenquelle erforderlich. Der SUR enthält eine Ra—Be-Quelle von 10 mCi Stärke, die im Innern des Stempels, der die untere Kernhälfte trägt, bis unter die Mitte der Kernunterseite gefahren werden kann.

4.2 Sicherheitseinrichtungen

Der SUR besitzt zwei voneinander unabhängige Sicherheitssysteme, deren jedes für sich allein den Reaktor sicher abzuschalten vermag: Einerseits werden die beiden im Graphitreflektor unmittelbar außerhalb des gasdichten inneren Reaktorkessels angeordneten Regelplatten aus Cadmiumblech beim Schnellschluß des Reaktors in weniger als 0,5 Sekunden durch Federkraft beschleunigt und bis in die Höhe der Kernmitte gebracht. Das Einschießen jeder Regelplatte ist mit einer Reaktivitätsabnahme von 0,6% verbunden. Andererseits fällt beim Schnellschluß gleichzeitig die untere Kernhälfte mit einem Teil

16

des Graphitreflektors in weniger als 0,2 Sekunden um etwa 5 cm nach unten, was eine Reaktivitätsabnahme von etwa 7% bedeutet. Da die Überschußreaktivität des SUR beim kritischen Experiment auf 0,6% festgelegt wird, genügt also jede der beiden Maßnahmen allein zum sofortigen Abschalten des Reaktors.

Neben diesen technischen Sicherheitseinrichtungen besitzt der SUR eine nur durch die Kernzusammensetzung bedingte innere Sicherheit, die auch beim extrem unwahrscheinlichen Versagen beider Sicherheitssysteme wirksam bleibt: der stark negative Temperaturkoeffizient der Reaktivität ($- 3 \times 10^{-4}/°C$; vgl. auch Abschnitt 5.2.2) bewirkt bei der geringen Überschußreaktivität von 0,6%, daß der Reaktor bei einer Temperaturerhöhung um 20°C bereits unterkritisch wird und eine Leistungsexkursion von selbst zum Stillstand kommt, bevor Schäden am Reaktor auftreten können.

Die maximale Leistung von 100 mW beim SUR 100 ist nur durch die Stärke der Abschirmung bestimmt. Die Abschirmung ist so berechnet, daß die Strahlendosisleistung bei der Reaktorleistung von 100 mW auch unmittelbar an der Wand des äußeren Reaktorkessels unterhalb der zulässigen Toleranzgrenze von 2,5 mrem/h liegt. Mit einer zusätzlichen Betonabschirmung kann der SUR mit einer um einen Faktor 10 höheren Neutronenflußdichte bzw. Leistung betrieben werden.

4.3 Instrumentierung

Zur Anzeige und Überwachung des jeweiligen Betriebszustandes werden die Neutronenflußdichten an verschiedenen Stellen im Reaktor gemessen, am Bedienungspult angezeigt und die entsprechenden elektrischen Signale über Grenzwerteinheiten dem Verriegelungssystem zugeleitet. Zwei BF_3-Zählrohre, zwei Neutronenionisationskammern mit BF_3-Füllung und ein Gammazählrohr mit den zugehörigen Hochspannungsversorgungen, Verstärkern, Impulszählern, Mittelwertmessern und Grenzwertgebern werden für die nukleare Instrumentierung benötigt (vgl. Abb. 3).

Die Neutronendetektoren befinden sich wie üblich außerhalb des Reflektors in drei mit Polyäthylen als Moderator ausgekleideten Aussparungen des Wassertanks.

Bei abgeschaltetem Reaktor und im Anfahrstadium wird die Neutronenflußdichte von einem auf zwei BF_3-Neutronenzählrohre schaltbaren Impulskanal (digitales Zählgerät und logarithmischer Mittelwertmesser) ermittelt. Bei etwas höherer Reaktorleistung treten dann die beiden mit je einer gamma-kompensierten Neutronenionisationskammer bestückten Gleichstromkanäle in Aktion. Die Neutronenflußdichte wird im logarithmischen und im linearen Maßstab von zwei Linienschreibern aufgezeichnet bzw. an Instrumenten am Bedienungspult angezeigt. Der Gamma-Meßkanal dient zur Messung der Dosisleistung der Gammastrahlung am Ort des Schaltpults.

Ein Pt-Widerstandsthermometer überwacht die Temperatur des Kerns und schaltet den Reaktor bei Temperaturen, die außerhalb des Bereiches von 16 bis 45°C liegen, ab. Eine zu niedrige Temperatur muß wegen des großen negativen Temperaturkoeffizienten der Reaktivität vermieden werden, damit die Überschußreaktivität den festgelegten Wert nicht überschreitet. Die obere Grenze wird beim normalen Betrieb nicht erreicht, da der Reaktor bereits vorher unterkritisch würde. Weiterhin werden die vollständige Füllung des Wassertanks sowie der ordnungsgemäße Verschluß der Türen zur Reaktorplattform und zum Montageraum unter dem Reaktor kontrolliert und in das Verriegelungssystem einbezogen.

Ein konsequent aufgebauter Verriegelungsplan (Abb. 4) hat zur Folge, daß der Reaktor nur in der zulässigen Art und Weise angefahren und betrieben werden kann. Fehlbedienungen bleiben unwirksam oder führen zum Schnellschluß, ebenso wie Gerätefehler oder andere technische Störungen zu einer automatischen und zuverlässigen Ab-

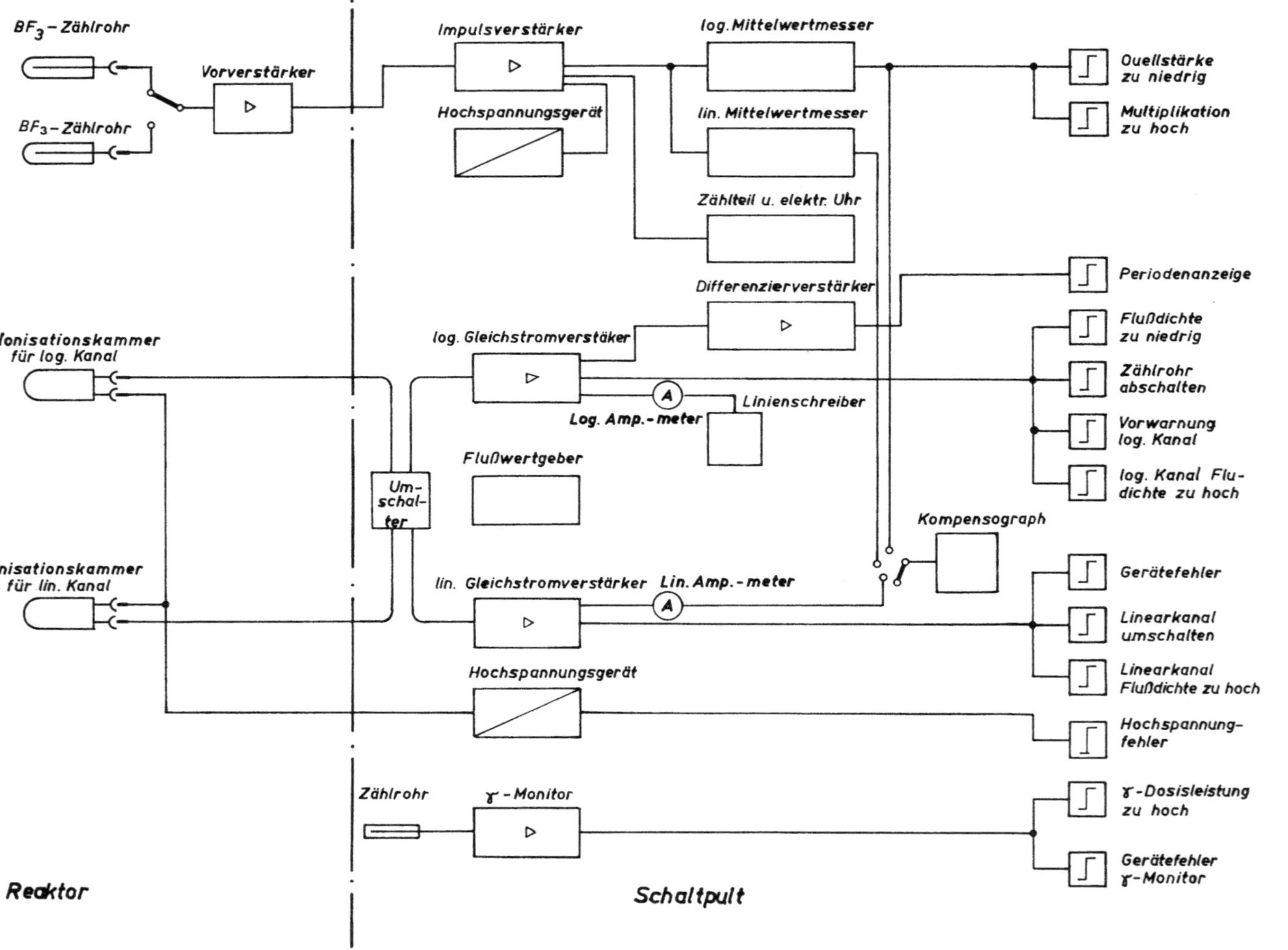

Abb. 3 Nukleare Instrumentierung des SUR

18

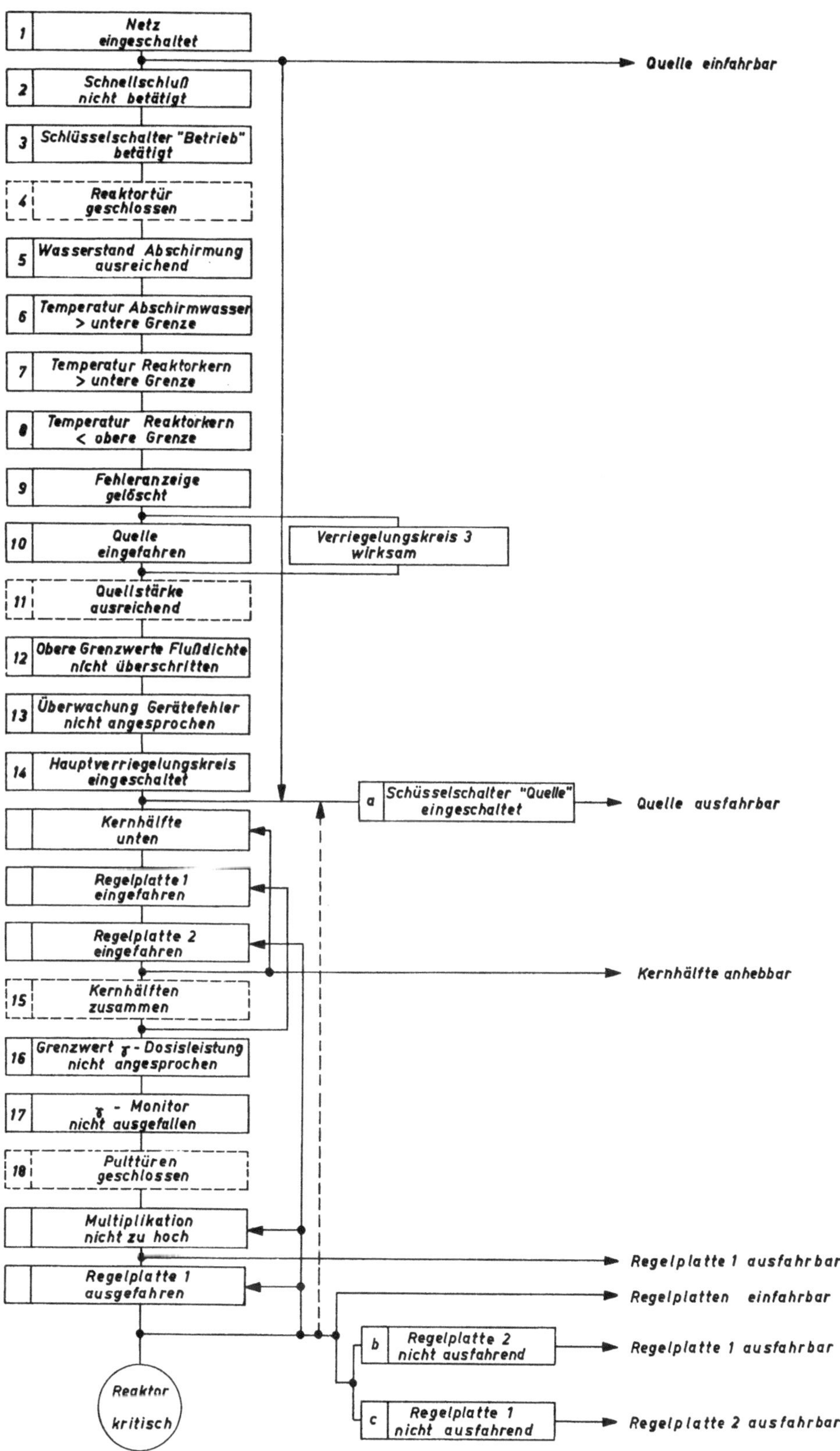

Abb. 4   Verriegelungsplan des SUR

schaltung des Reaktors führen. Die Antriebe der Regelplatten und des Kernhubwerks sind »fail safe« geschaltet: Stromausfall oder Kurzschluß führen durch Lösen der Magnetkupplung zum Abschalten des Reaktors.

Der logische Aufbau der Sicherheitsschaltungen ist an Hand des Anfahrvorganges in Abb. 4 dargestellt. Die vertikale Wirklinie verbindet Felder, in denen die im Verlaufe des Anfahrvorganges zu erfüllenden Bedingungen stehen. Sie ist unterbrochen, wenn die jeweils genannte Bedingung nicht erfüllt ist.

Wird die Wirklinie während des Anfahrens oder im Betrieb durch die Verletzung einer Bedingung unterbrochen, so wird der Reaktor zwangsläufig auf den vor der Unterbrechung liegenden Zustand zurückgeführt, und alle hinter der Unterbrechung liegenden Schritte sind rückgängig gemacht.

Von der Wirklinie abzweigende und auf zurückliegende Bedingungen verweisende Pfeile bedeuten, daß die betreffende Bedingung automatisch aufgehoben wird, sobald im Verlauf des Anfahrvorganges der Abzweigungspunkt erreicht ist.

Für bestimmte Versuche kann es erforderlich sein, daß einzelne Verriegelungen überbrückt werden. Das entspricht einer bei Experimentierreaktoren häufig geübten Praxis und ist vom Standpunkt der Sicherheit vertretbar, wenn gewährleistet ist, daß damit nicht die unbedingt notwendigen Verriegelungen ausgeschaltet werden wie z. B. der Grenzwert für die maximal zulässige Neutronenflußdichte. Der SUR besitzt ein Überbrückungssteckbrett unter einer verschließbaren Plexiglasscheibe am Bedienungspult, so daß sich der Reaktorführer einer vorgenommenen Überbrückung stets bewußt bleibt. Die überbrückbaren Bedingungen sind in Abb. 4 gestrichelt gezeichnet.

Es sind folgende Überbrückungen möglich:

1. »Reaktortür«,
   z. B. für Strahlungsmessungen unterhalb des eigentlichen Reaktors innerhalb der Wasserabschirmung.

2. »Pulttür«
   zur Beobachtung der auf der Rückseite des Schaltpults eingebauten Geräte während des Betriebes.

3. »Kernexperiment«
   Es wird die Verriegelung »Kernhälften zusammen« überbrückt. Damit ist es möglich, die untere Reaktorkernhälfte im Betriebszustand zu bewegen, um z. B. den Reaktivitätseinfluß als Funktion ihrer Stellung zu untersuchen.

4. »Nulleistungsexperiment
   Hierbei wird die Verriegelung »Quellstärke zu niedrig« überbrückt und damit der Betrieb des Reaktors auch bei kleinster Leistung (Neutronenflußdichten unterhalb der Werte bei Mindestquellstärke) ermöglicht.

4.4 Experimentiereinrichtungen

Der SUR ist mit einer thermischen Säule und fünf Experimentierkanälen ausgerüstet. Ein horizontaler Kanal von 26 mm lichter Weite verläuft diametral durch die Mitte des Reaktorkerns.

Zwei weitere horizontale Kanäle gehen in 25 cm Achsenabstand am Kern vorbei durch den Reflektor; sie haben eine Weite von 54 bzw. 96 mm.

Ein vertikaler Experimentierkanal führt in der Achse des Reaktors von oben bis an den Kern heran. Der zweite vertikale Kanal mit 54 mm Durchmesser reicht bis zur Unterkante des Kerns herab; er verläuft am Kern vorbei durch den Graphitreflektor. Die thermische Säule befindet sich über dem Reaktor und besteht aus Graphit. Sie hat einen Durchmesser von 85 cm und eine Höhe von 56 cm. Sie kann wahlweise auch mit H_2O, D_2O usw. gefüllt werden.

5. Einsatzmöglichkeiten eines kleinen Nulleistungsreaktors

Nulleistungsreaktoren wurden, wie bereits erwähnt, in erster Linie als Unterrichtsreaktoren entwickelt. Sie finden daher ihre häufigste Anwendung als Anschauungs- und Übungsgerät für die praktische Ausbildung auf dem Gebiet der Kerntechnik. Im folgenden sollen die an einem Unterrichtsreaktor – etwa am SUR – durchführbaren Praktikumsversuche behandelt werden. Es wird vorausgesetzt, daß die Praktikumsteilnehmer bereits in einem Vorkurs über die Grundlagen der Strahlenmeßtechnik unterrichtet wurden und die wichtigsten Geräte und Meßmethoden wie Geiger-Müller-Zählrohr, Szintillationszähler, Zählstatistik, Strahlenschutz usw. kennengelernt haben. Das schließt nicht aus, daß einige dieser kerntechnischen Grundversuche im eigentlichen Reaktorpraktikum wiederholt und ergänzt werden, um z. B. die Zeit während einer Aktivierung im Reaktor zu nutzen.

5.1 Experimente am Reaktor ohne Zusatzgeräte

5.1.1 *Qualitatives Reaktorverhalten*

In der ersten Übung lernt der Student den Reaktor kennen. Der Aufbau und das Prinzip der Instrumentierung werden an Hand von Zeichnungen und am Reaktor selber erläutert.

Wie jeder andere thermische Forschungs- und Leistungsreaktor enthält der Unterrichtsreaktor Brennstoff, Moderator, Reflektor, Abschirmungen für Neutronen- und Gammastrahlung, verschiedene voneinander unabhängige Abschalt- und Regeleinrichtungen, mehrere unabhängige Zählrohre und Ionisationskammern zur Neutronenflußmessung mit den zugehörigen Anzeigegeräten am Bedienungspult, Grenzwerteinheiten zur automatischen Überwachung verschiedener Größen und ein elektrisches Verriegelungssystem zur Verhinderung von Bedienungsfehlern. Zu den bei großen Reaktoren wichtigen Anlageteilen, die im allgemeinen beim Unterrichtsreaktor nicht vorhanden sind, gehört das Reaktorumschließungsgebäude mit den gasdichten Schleusen, Abluft- und Abwasserüberwachungsanlagen und vor allem das Kühlsystem des Reaktors. In diesem Fall sind am Unterrichtsreaktor keine Versuche zur Reaktordynamik möglich, bei denen die Rückwirkungen der Kühlmitteltemperatur oder des Dampfgehaltes bei flüssigen Kühlmitteln auf die Neutronenkinetik untersucht werden.

Einen sehr guten Einblick in den Aufbau des Reaktors erhält der Student bei den vor der täglichen Inbetriebnahme durchzuführenden Funktionsprüfungen, bei denen alle Abschalt- und Verriegelungskreise einzeln überprüft werden (vgl. Abb. 5).

Der SUR besitzt dafür einen eigenen »Flußwertgeber«; das ist eine regelbare Gleichstromquelle, die an Stelle der Ionisationskammern an die Anzeigegeräte und Grenzwerteinheiten angeschlossen werden kann, um deren Einstellung zu kontrollieren. Durch bewußt eingebrachte Störungen kann während der Funktionsprüfung die Wirkungsweise des Verriegelungssystems demonstriert werden.

Funktionsprüfung Nr. ___ vom ___________

1. Inspektion

Reaktortür geschlossen ☐

Wasserstand normal: Reaktortür ☐

                 Reaktorbehälter ☐

Thermische Säule gefüllt ☐

Geländertür geschlossen ☐

	I	II	III
horizontale Experimentierkanäle verschlossen: A			
B			

Füllung der Experimentierkanäle im Protokollbuch eingetragen ☐

Grenzwerte Kerntemperatur: unterer Wert 16 °C ☐   oberer Wert 45 °C ☐

2. γ-Monitor ("Rückstellung")   Einstellung auf log. Bereich ☐

Eichpräparat $\boxed{\text{0,5 mCi Co}^{60}}$ auf Prüfpunkt

Übertrag $\boxed{\qquad\text{mr/h}}$ Anzeige $\boxed{\qquad\text{mr/h}}$ Störanzeige "γ-Dosisleistung zu hoch" ein ☐

Eichpräparat zurückgetragen ☐

3. Zählkanal (Z1 = Zählrohr 1; Z2 = Zählrohr 2; Hochspannung Z1 : ____ kV; Z2 : ____ kV)

Eichung des Mittelwertmessers: Rote Eichmarke 50 Hz erreicht ☐

Quelle ausgefahren
Übertrag Z1 $\boxed{\quad\text{Imp/min}}$ Anzeige Z1 $\boxed{\quad\text{Imp/min}}$ Störanzeige "Quellstärke ☐
Übertrag Z2 $\boxed{\quad\text{Imp/min}}$ Anzeige Z2 $\boxed{\quad\text{Imp/min}}$ zu niedrig" ein ☐

Grenzwert "Multiplikation zu hoch" (Einstellknopf auf blaue Marke)

Sollwert $\boxed{1 . 10^{6}\ \text{Imp/min}}$ Anzeige $\boxed{\quad\text{Imp/min}}$

Quelle eingefahren
Übertrag Z1 $\boxed{\quad\text{Imp/min}}$ Anzeige Z1 $\boxed{\quad\text{Imp/min}}$ Störanzeige "Quellstärke ☐
Übertrag Z2 $\boxed{\quad\text{Imp/min}}$ Anzeige Z2 $\boxed{\quad\text{Imp/min}}$ zu niedrig" aus ☐

4. Log. Gleichstromkanal (Flußwertgeber auf 0; Bereich 10^{-12}A; Zählrohrspannung abschalten)

Grenzwert "Fluß (log. Kanal) zu niedrig"
Sollwert $\boxed{0,5 . 10^{-10}\text{A}}$ Eingabe $\boxed{10^{-10}\text{A}}$ Schreiberanzeige $\boxed{\quad\text{mW}}$

Grenzwert "Zählrohr abschalten" (Zählrohrspannung wieder anschalten)
Sollwert $\boxed{0,5 . 10^{-9}\text{A}}$ Eingabe $\boxed{10^{-10}\text{A}}$ Schreiberanzeige $\boxed{\quad\text{mW}}$

Grenzwert "Vorwarnung log. Kanal"
Sollwert $\boxed{0,12 . 10^{-7}\text{A}}$ Eingabe $\boxed{10^{-7}\text{A}}$ Schreiberanzeige $\boxed{\quad\text{mW}}$

Grenzwert "Log. Kanal Fluß zu hoch"
Sollwert $\boxed{0,2 . 10^{-7}\text{A}}$ Eingabe $\boxed{10^{-7}\text{A}}$ Schreiberanzeige $\boxed{\quad\text{mW}}$

5. Lin. Gleichstromkanal (Flußwertgeber auf 0; Bereich 10^{-12}A; Lin.Verstärker auf Bereich 10^{-7}A; Umschalten "Prüfen Lin.Verst."; Kernhälfte heben)

Grenzwert "Lin.Kanal umschalten"   Sollwert $\boxed{70\ \%}$
Eingabe $\boxed{10^{-10}\text{A}}$ Instrument $\boxed{10^{-10}\text{A}}$ Schreiberanzeige $\boxed{\quad}$

Grenzwert "Lin.Kanal Fluß zu hoch"   Sollwert $\boxed{95\ \%}$
Eingabe $\boxed{10^{-10}\text{A}}$ Instrument $\boxed{10^{-10}\text{A}}$ Schreiberanzeige $\boxed{\quad}$
                                             Kernhälfte unten ☐
Grenzwert "Gerätefehler"
Sollwert $\boxed{- 50\ \%}$ Lin.Verstärker Bereich: $1 . 10^{-8}$A; Eingabe $\boxed{10^{-8}\text{A}}$

Überprüfung der Anzeige
Eingabe $\boxed{0,5 . 10^{-7}\text{A}}$ Instrument $\boxed{10^{-7}\text{A}}$ Schreiberanzeige $\boxed{\quad}$
(Flußwertgeber auf 0; Bereich 10^{-12}A)

6. Grenzwert "Hochspannungsfehler" (Lin.Verstärker auf 10^{-7} A)
Sollwert $\boxed{400\ \text{V}}$; Grenzwert $\boxed{\qquad\text{V}}$; Rückstellung auf 500 V ☐

7. Ionisationskammern richtig angeschlossen (Rückstellung auf "Betrieb")
Ausschlag log. Kanal und Periodenanzeige bei kleiner Spannungsänderung ☐
Lin. Kanal Übertrag $\boxed{10^{-11}\text{ A}}$ Instrument $\boxed{10^{-11}\text{ A}}$ Schreiberanzeige $\boxed{\quad}$

8. Handabschaltung ("Betrieb frei")
Schnellschluß Pult ☐   Schnellschluß Halle ☐   Schnellschluß Assistentenraum ☐

9. Pulttür geschlossen, alle Überbrückungen entfernt, Schlüssel abgezogen ☐

10. Beide Schreiber
Vorschub ☐   Tintenfluß ☐ .   Datum vermerkt ☐

11. Protokollbucheintragung ☐

12. Unterschrift

Abb. 5   Tägliche Funktionsprüfung

Anschließend lernt der Student das typische Verhalten eines Reaktors qualitativ kennen, indem er selber am Schaltpult die einzelnen Operationen unter Aufsicht eines Assistenten durchführt. Das hierfür vorgesehene Programm enthält alle wesentlichen Betriebssituationen wie unterkritische Multiplikation, kritischer Zustand mit und ohne externe Neutronenquelle, exponentieller Leistungsanstieg, Änderung des Leistungsniveaus durch vorübergehende Bewegungen der Regelstäbe, Leistungsabfall nach einem Schnellschluß (Wirkung der verzögerten Neutronen).

5.1.2 Annäherung an den kritischen Zustand

Das sogenannte kritische Experiment oder die Annäherung an den kritischen Zustand ist ein für jeden Reaktor und jede unterkritische Anordnung vorgeschriebener Versuch. Zur Überprüfung der Reaktorberechnung und zur Sicherstellung, daß keinesfalls mehr Brennstoff zugeladen wird als vom Steuersystem beherrscht werden kann, muß die kritische Masse nach jeder geometrischen oder materialmäßigen Veränderung des Reaktors oder der unterkritischen Anordnung experimentell bestimmt werden. Hierbei wird die Zählrate n_0 eines Neutronendetektors im System gemessen, wenn noch kein spaltbares Material eingesetzt ist und nur die aus der Neutronenquelle stammenden Neutronen gezählt werden. Anschließend werden schrittweise immer kleinere Mengen Brennstoff eingesetzt und nach jedem Schritt die Zählrate n_i des Detektors gemessen und das Verhältnis $M = n_i : n_0$ gebildet.

Man kann zeigen, daß für $k_{\text{eff}} < 1$ die Multiplikation M gegeben ist durch

$$M = \frac{1}{1 - k_{\text{eff}}}$$

Im kritischen Zustand ist k_{eff} definitionsgemäß gleich 1, und damit wird M unendlich bzw. $1/M$ geht gegen Null.

Beim kritischen Experiment wird $1/M$ als Funktion der eingesetzten Brennstoffmenge aufgetragen und aus der Extrapolation der erhaltenen Kurve bis $1/M = 0$ die kritische Brennstoffmasse bestimmt. Bei unterkritischen Anordnungen (vgl. Abschnitt 5.3.2) wird in gleicher Weise vorgegangen; nur wird die Beladung beim vorgeschriebenen Abstand vom kritischen Zustand beendet.

Dieses recht grobe, aber denkbar einfache Meßverfahren kann auch am fertig beladenen Reaktor simuliert werden. Wenn der Reaktor nur durch die eingefahrenen Regelstäbe unterkritisch gehalten wird, kann die Annäherung an den kritischen Zustand durch schrittweises Herausziehen des Regelstabes erfolgen, da die Ausfahrbewegung des Regelstabes wegen der damit verbundenen Entfernung von Neutronenabsorbern aus dem Reaktor ebenso wie die Hinzufügung weiteren Brennstoffes eine positive Reaktivitätsänderung bedeutet.

Im Praktikum wird die Aufgabe gestellt, aus der Messung der Impulsrate bei verschiedenen Steuerstabsstellungen im unterkritischen Reaktor die zum kritischen Zustand gehörige Stabstellung graphisch und rechnerisch vorauszusagen.

5.1.3 Eichung der Regelstäbe

Die Reaktivität ist ein Maß für die Abweichung eines Reaktorsystems vom kritischen Zustand derart, daß die Reaktivität für den unterkritischen Reaktor negativ, für das überkritische System positiv ist. Im gerade kritischen Reaktor verschwindet sie.

Zum Ausgleich für temperatur- und abbrandbedingte Reaktivitätsverminderungen erhält jeder Reaktor bei der ersten Beladung eine bestimmte Überschußreaktivität in Form von zusätzlichem (über die kritische Masse hinausgehenden) Brennstoff.

Das Steuersystem des Reaktors muß nun so ausgelegt sein, daß es jederzeit in der Lage ist, die vorhandene Überschußreaktivität mindestens zu kompensieren.

Ein für alle Reaktortypen sehr wichtiger Versuch ist daher die Bestimmung des Reaktivitätswertes der Regelstäbe oder -platten in Abhängigkeit von ihrer Stellung (Einfahrstrecke). Wegen der Bedeutung dieser Reaktivitätsmessung für die Sicherheit des Reaktors sind eine Reihe voneinander unabhängiger Meßmethoden entwickelt worden.

In einem kritischen System kann man durch plötzliche Veränderung der Reaktivität – entweder durch Entfernung einer äußeren Neutronenquelle oder durch Einschießen des zu untersuchenden Regelstabes (Rod Drop) – in einem halbgraphischen Verfahren aus der Messung des zeitlichen Verlaufes der Neutronenflußdichte eine Aussage über die Reaktivität des Systems nach der Veränderung gewinnen.

Häufig geht man heute jedoch zu instationären Meßmethoden über, die eine größere Genauigkeit der Ergebnisse bringen.

So kann man in dem vorliegenden Problem eine gepulste Neutronenquelle (Pulsdauer 0,01 ... 10 ms; Impulsfrequenz 10 Hz ... 10 kHz; Intensität ca. 10^9 Neutronen/s) im unterkritischen Medium verwenden und aus dem gemessenen zeitlichen Abklingvorgang der Neutronenflußdichte nach jedem Impuls sehr präzise Aussagen über die Reaktivität des unterkritischen Reaktors (z. B. als Funktion des Beladungszustandes oder der Stellung der Regelstäbe) erhalten.

In der Praxis bestimmt man die Reaktivität der Regelstäbe am einfachsten nach der Methode der Verdopplungszeit. Dabei wird der Reaktor auf einem niedrigen Leistungsniveau durch Herausziehen des Regelstabes ein wenig überkritisch gemacht und die Zeit bis zur Verdopplung der Leistung gemessen. Daraus erhält man auf Grund vereinfachender Annahmen die Größe der zugeführten positiven Reaktivität.

Mit einem zweiten Regelstab wird der Reaktor anschließend wieder kritisch gemacht. Durch mehrfaches Wiederholen dieses Vorganges erhält man die Reaktivitätskennlinie des Regelstabes.

Als nichtstationäre Meßmethode scheint in diesem Fall die Analyse der statistischen Schwankungen der Neutronenflußdichte (Rauschanalyse, Korrelationsmeßtechnik) sehr erfolgversprechend zu sein.

An einem Unterrichtsreaktor ist nur die Messung der Verdopplungszeit ohne weiteres, d. h. ohne zusätzliche Geräte durchführbar. Wenn auch die hiermit erzielbare Genauigkeit der Reaktivitätsbestimmung sehr gering ist, so erscheint es doch sehr instruktiv, dieses jederzeit und an jedem Reaktor leicht anwendbare Verfahren in einem Praktikum durchführen zu lassen. Außerdem wird die Methode der Periodenmessung trotz ihrer geringen Genauigkeit in der Praxis im Kernkraftwerk stets angewendet.

5.1.4 Einflußfunktionen

In diesem und im folgenden Experiment soll der Einfluß untersucht werden, den kleine, örtlich begrenzte Störungen, z. B. eingebrachte Bestrahlungsproben, auf den Vermehrungsfaktor bzw. auf die Reaktivität des Reaktors haben. Die Wirkung einer Probe hängt nicht nur von ihrer Zusammensetzung, sondern wegen der Ortsabhängigkeit des Neutronenflusses auch von der Lage im Reaktor ab. Diese Abhängigkeit beschreiben die Einflußfunktionen, die für die Einzeleffekte (z. B. Absorption, Streuung und Moderation) jeweils einen anderen Verlauf haben. Unterrichtsreaktoren sind meist gut geeignet zur Demonstration dieser Einflußfunktionen, da der Flußverlauf und damit die Einflußfunktionen wegen des kleinen Reaktorkernes stark ortsabhängig sind.

Absorptionseinflußfunktionen

In Forschungsreaktoren ist beim Einsetzen und Herausnehmen von stark absorbierenden Bestrahlungsproben während des Betriebes unbedingt das Reaktivitätsverhalten des Reaktors in Abhängigkeit vom Einsatzort und von der Stärke des Absorbers zu berücksichtigen.

An einem Unterrichtsreaktor kann die Aufnahme einer Absorptionseinflußkurve demonstriert werden, indem man eine Cadmium- oder Borprobe schrittweise entlang dem zentralen Experimentierkanal verschiebt, und zu jeder Position den Reaktivitätswert aus der Stellung der vorher geeichten Regelstäbe ermittelt.

Streu-, Moderations- und Hohlraumeinflußfunktionen

Der gekoppelte Einfluß von Streuung und Moderation hat vor allem in flüssigkeitsmoderierten Reaktoren große praktische Bedeutung. Man muß z. B. bei der Dimensionierung von Bestrahlungskanälen darauf achten, daß bei einer plötzlichen Beschädigung nicht durch das Auffüllen größerer Hohlräume mit Moderator gefährliche positive Reaktivitätsänderungen entstehen können. Andererseits kann es aber auch z. B. in wassermoderierten Reaktoren Bereiche geben, in denen Absorptions- und Streuverluste größer werden als die Moderationsgewinne. In diesem Fall kann die Bildung von Hohlräumen (Dampfblasen) zu Reaktivitätsanstiegen führen. Es ist deshalb für die Berechnung des dynamischen Reaktorverhaltens wichtig, den Voidkoeffizienten, d. h. die Reaktivitätsänderung pro Volumeneinheit des entstehenden Hohlraumes zu kennen.

Trotz des Fehlens eines eigenen Kühlsystems kann auch in einem Unterrichtsreaktor die Einflußfunktion für Hohlräume aufgenommen werden, indem man einen definierten Hohlraum in die sonst aus Moderatormaterial bestehende Füllung eines Experimentierkanals bringt und diese Anordnung längs des Kanals verschiebt.

In ähnlicher Weise kann man den Einfluß von Streu- und Moderatormaterial im Kern untersuchen.

5.1.5 Wirkungsquerschnittsmessung nach der »Danger-Coefficient-Methode«

Dieser Versuch ähnelt der Bestimmung der Absorptionseinflußfunktion. Eine im Zentrum des Reaktors befindliche Probe beeinflußt die Reaktivität des Reaktors praktisch nur durch die Absorption von Neutronen.

Man kann daher den reinen Absorptionswirkungsquerschnitt einer unbekannten Probe durch Vergleich ihres Reaktivitätseinflusses mit dem einer Eichprobe bekannten Absorptionsquerschnitts (z. B. Bor) bestimmen.

Diese Methode erlangte in der Anfangszeit der Reaktortechnik einige Bedeutung bei der Überprüfung von Reaktormaterial auf neutronenabsorbierende Verunreinigungen. Der Name »Danger-Coefficient« beruht auf der Beobachtung, daß stärkere Verunreinigungen vor allem in Reaktoren mit nicht angereichertem Brennstoff das Erreichen der Kritikalität »gefährden« können.

Aufbauend auf einem Hinweis auf die Entstehung dieser Meßmethode kann an dem vorliegenden Versuch die Bedeutung der neutronenphysikalisch »richtigen« Auswahl der im Reaktorbau verwendeten Materialien aufgezeigt werden.

Der Nachteil der »Danger-Coeffizient-Methode« ist ihre Beschränkung auf stark absorbierende Proben, die so große Reaktivitätsänderungen hervorrufen, daß Ungenauigkeiten der Neutronenflußanzeige infolge statistischer Schwankungen nicht ins Gewicht fallen. Für empfindlichere Messungen, insbesondere an schwach absorbierendem Material, ist eine Verfeinerung notwendig (vgl. Abschnitt 5.3.1).

5.2 Experimente am Reaktor mit einfachen Zusatzgeräten

5.2.1 Das Strahlenfeld des Reaktors

Für jeden, der auf dem Gebiete der Kerntechnik experimentell arbeiten will, besteht die Notwendigkeit, sich mit praktischen Aufgaben des Strahlenschutzes auseinanderzusetzen. Durch geeignete Auswahl typischer Strahlenschutzberechnungen und -messungen kann ein guter Einblick in die Probleme des Strahlenschutzes beim Vorhandensein von Gamma- und Neutronenfeldern gegeben werden.

Im Rahmen dieses Versuches werden Neutronen- und Gammastrahlungsmessungen in der näheren Umgebung des in Betrieb befindlichen Reaktors gemacht.

Es kann z. B. der Einfluß der Polyäthylenstopfen an den Experimentierkanälen auf die Abschirmung untersucht werden. Der Versuch dient gleichzeitig zur Wiederholung der Grundlagen des Strahlenschutzes. Die Neutronenmessungen am Reaktor haben gegenüber einer stationären Neutronenquelle den Vorteil, daß zumindest bei geöffneten Experimentierkanälen ein breites Neutronenspektrum in ausreichender Intensität zur Verfügung steht und damit die Dosisleistungen der thermischen und epithermischen Neutronen getrennt bestimmt werden können.

5.2.2 Temperaturkoeffizient der Reaktivität

Reaktoren sind aus verschiedenen Gründen Temperaturschwankungen unterworfen. Als wichtigster Grund sind Leistungsänderungen zu nennen. Bei Unterrichtsreaktoren – speziell beim SUR – sind dagegen Schwankungen der Umgebungstemperatur oft die einzige Ursache für Temperaturänderungen des Reaktors.

Durch Temperaturschwankungen werden Änderungen der Dichte und der kernphysikalischen Eigenschaften des Reaktorkerns und damit wieder Änderungen der Reaktivität des Reaktors bewirkt. Der Temperaturkoeffizient der Reaktivität beschreibt den Zusammenhang zwischen Temperatur und Reaktivität in einem speziellen Reaktor durch Angabe der Größe und des Vorzeichens der Reaktivitätsänderung bei einer Temperaturerhöhung um ein Grad.

Vorzeichen und Absolutwert des Temperaturkoeffizienten der Reaktivität sind äußerst wichtige Größen für die Beurteilung der inhärenten Sicherheit eines Reaktors, da durch einen großen negativen Temperaturkoeffizienten eine eventuell durch Fehlbedienung und Ausfall des elektrischen Sicherheitssystems angefachte Leistungsexkursion von selbst zum Stehen kommt. Am SUR kann der Temperaturkoeffizient prinzipiell wie folgt gemessen werden.

Das Wasser im Abschirmungstank wird mit Tauchsiedern erwärmt. Durch Wärmeleitung nimmt die Temperatur des Reaktorkerns ebenfalls zu. Aus der kritischen Stellung der Regelplatten kann die Reaktivität für verschiedene Temperaturen ermittelt werden, wenn man sich durch Experimente der in Abschnitt 5.1.3 beschriebenen Art davon überzeugt hat, daß die Eichkurven der Regelplatten durch die Temperaturerhöhung nicht verändert wurden.

Der Versuch ist für ein übliches Praktikum nicht geeignet, da er mehrere Tage beansprucht. Jedoch wird der Einfluß der Temperatur auf die Reaktivität des Reaktors qualitativ auch dadurch veranschaulicht, daß bei geringer Änderung der Raumtemperatur und sonst gleichen Verhältnissen im Reaktor die kritische Regelstabstellung merklich von der des Vortages abweicht, was an Hand des Protokollbuches nachgewiesen werden kann.

Neutronen sind elektrisch neutral und können daher nicht wie Alpha- oder Betastrahlen direkt durch Ionisationsprozesse nachgewiesen werden. Nachweis und Zählung von Neutronen müssen stets indirekt über irgendwelche Zwischenprozesse erfolgen.

In diesem Versuch werden die in der Praxis verwendeten Nachweismethoden behandelt, wobei besonderer Wert auf die Erklärung des elektronischen Aufbaus und auf die Diskussion der systematischen Fehler gelegt wird.

Man kann grob zwei verschiedene Meßmethoden für Neutronen unterscheiden: Erstens den Nachweis einzelner Neutronen in BF_3-Ionisationskammern oder -Zählrohren und zweitens die Ausmessung von Neutronenfeldern durch Sondenaktivierung.

Die Praktikumsaufgaben zur ersten Gruppe können sich auf die Inbetriebnahme eines BF_3-Proportionalzählrohres, Aufnahme der Zählrohrcharakteristik, Bestimmung der Impulsform und Diskussion der elektronischen Impulsverarbeitung beschränken. Falls am Unterrichtsreaktor oder an einer Neutronenquelle in ausreichender Intensität schnelle Neutronen zur Verfügung stehen, kann die Steigerung der Empfindlichkeit der BF_3-Detektoren durch vorherige Moderierung (Abbremsung) der schnellen Neutronen gezeigt werden. Diese Empfindlichkeitssteigerung beruht auf der Tatsache, daß der Wirkungsquerschnitt für die Nachweisreaktion

$$B^{10} + n_0^1 \rightarrow Li^7 + \alpha + E$$

mit abnehmender Neutronengeschwindigkeit ansteigt, somit bei gleicher Intensität der auftreffenden Neutronenstrahlung mehr Reaktionen pro Zeiteinheit stattfinden und infolgedessen mehr Alphateilchen erzeugt werden, die in der üblichen Weise elektrische Zählrohrimpulse auslösen. Der Moderator, mit dem das Zählrohr zum Nachweis schneller Neutronen umgeben wird, hat also eine analoge Aufgabe wie der Moderator in thermischen Reaktoren, da auch der Spaltquerschnitt des Urans für langsame Neutronen größer ist als für schnelle, d. h. energiereiche Neutronen.

Als weiterer Nachweis für Neutronen wird die Methode der Sondenaktivierung behandelt. Sie beruht auf der Tatsache, daß eine Reihe von Materialien (z. B. Gold, Silber, Mangan, Indium usw.) durch Neutronenbestrahlung selber radioaktiv werden, wobei die Stärke der erzeugten Aktivität der Größe des Neutronenflusses während der Bestrahlung proportional ist. Diese Aktivität (Beta- oder Gammastrahlung) wird nach Beendigung der Bestrahlung mit herkömmlichen Strahlenmeßgeräten bestimmt. Wegen der Bedeutung dieser Meßtechnik soll im Praktikum nach Möglichkeit auf die systematischen Fehler und die Bestimmung der dadurch notwendigen Korrekturen eingegangen werden. Zum Beispiel werden Folien verschiedener Dicke unter gleichen Bedingungen bestrahlt und dadurch der Selbstabschirmungseinfluß auf die Aktivität untersucht, der durch die Absenkung des Neutronenflusses in der Sonde (Absorber) bedingt ist.

Weiterhin ist es an einem Unterrichtsreaktor möglich, ebenfalls mit Hilfe der Aktivierungsmethode einfache Messungen des Energiespektrums der Neutronen durchzuführen. Dazu werden die Sonden einmal mit einer Abdeckung aus Cadmiumblech und einmal ohne bestrahlt. Cadmium hat die Eigenschaft, thermische Neutronen zu absorbieren und Neutronen mit einer Energie über 0,4 eV ungehindert durchzulassen. Es ist klar, daß man damit das Verhältnis von thermischem zu epithermischem Neutronenfluß im Reaktor messen kann. Den schnellen Fluß mißt man mit sogenannten Schwellwertsonden; das sind Materialien, deren Wirkungsquerschnitt unterhalb einer bestimmten Energieschwelle praktisch verschwindet.

Tatsächlich ist die nach diesem Verfahren erreichbare Genauigkeit sehr begrenzt durch die zahlreichen Annahmen und Näherungen über die Fluß- und Wirkungsquerschnitts-

verläufe. Genauere Messungen der Neutronenenergie sind zwar mit Hilfe von Kristallspektrometern möglich. Diese Geräte sind jedoch sehr teuer und in einem Labor der
Reaktorindustrie normalerweise nicht vorhanden. Außerdem ist es schwierig, ein schnel-
les Spaltspektrum aus einem thermischen Reaktor auszublenden. Daher wird man in den
weitaus meisten Fällen nach dem oben angedeuteten Verfahren der Sondenaktivierung
vorgehen. Aus dieser Sicht können auch die einfachen Versuche am Unterrichtsreaktor
dem Studenten einen Einblick in die in der Praxis verwendeten Methoden geben.

5.2.4 Neutronenflußdichteverteilung im Reaktor

Eines der prinzipiell wichtigsten Experimente der Reaktorphysik ist die Flußverteilungs-
messung. Sie geschieht mit Hilfe sogenannter Aktivierungsfolien. Diese Folien oder
auch Drähte bestehen aus einem Material, das durch Neutronenbestrahlung radioaktiv
wird, wobei die Stärke der erzeugten Aktivität unter anderem von der Größe des Neutronenflusses während der Bestrahlung abhängt (vgl. Abschnitt 5.2.3). Die Aktivität der
einzelnen Folien wird nach Beendigung der Bestrahlung in einem zusätzlichen Meßgerät
– im allgemeinen relativ zueinander – bestimmt. Falls die Aktivierungssonden genügend
klein sind, kann man auf diese Weise sogar eine Messung der Feinstruktur (Ortsabhängigkeit) des Neutronenflusses in einem Brennstoffstab erhalten.
Solche Feinstrukturuntersuchungen sind in einem Unterrichtsreaktor der hier behandelten Art nicht möglich. Jedoch kann das Prinzip derartiger Messungen an Hand der Messung der Flußdichteverteilung im zentralen Experimentierkanal erläutert werden.
Dazu werden scheibenförmige Folien von 1 cm² Fläche und ca. 100 μ Dicke aus Mangan,
Indium oder Gold in 1 cm Abstand in einen entsprechend konstruierten Plexiglas-
halter eingesetzt und im Experimentierkanal des Reaktors bestrahlt. Anschließend
wird die Aktivität der einzelnen Folien mit Hilfe eines Geiger-Müller-Zählrohres oder
eines Szintillationszählers durch Messung der Zählraten bestimmt.
Obwohl in dieser einfachsten Messung nur die relative Flußdichteverteilung (z. B. bezogen auf die Aktivität der im Zentrum des Reaktors bestrahlten Folie) möglich ist,
kann – sozusagen als Nutzanwendung – aus der gemessenen Flußdichteverteilung graphisch der Reflektorgewinn des Reaktors bestimmt werden. Darunter versteht man das
Stück, um das der kritische Radius des Reaktorkerns durch die Anbringung des Graphitreflektors verkleinert werden konnte.
Durch eine Erhöhung des Meßaufwandes bei der Aktivitätsbestimmung der Folien
(Verwendung einer Beta-Gamma-Koinzidenzmeßanlage) kann die Flußverteilung auch
absolut gemessen werden, wodurch wiederum eine Leistungseichung der Reaktorinstru-
mentierung ermöglicht wird.
Mit der Koinzidenzmessung wird gleichzeitig eines der interessantesten und genauesten
Meßverfahren der Kernphysik behandelt.

5.2.5 Transmissionsexperiment

Eine bekannte und sehr direkte Methode, die Wechselwirkung irgendeiner Strahlung
mit Materie zu untersuchen, besteht darin, die Schwächung der Strahlung beim Durchgang durch eine Probe des Materials zu messen. Die Intensität des durch Blenden oder
Rohre kollimierten Neutronenstrahls wird einmal direkt, einmal nach Durchgang durch
die Probe gemessen und aus dem Intensitätsverhältnis der Wirkungsquerschnitt der
Probe bestimmt.
Die Transmissionsmethode hat in der Reaktorphysik vor allem deswegen große Bedeutung, weil in dem technisch wichtigen Energiegebiet zwischen 0 und einigen keV aus

gerichteten Strahlen Neutronen definierter Energie aussortiert werden können. Dies geschieht entweder mit Kristallspektrometern, die unter dem BraggschenWinkel nur Neutronen aus einem schmalen Energiebereich reflektieren oder mit Hilfe mechanischer Zerhacker (Chopper), die kurze Neutronenimpulse erzeugen und über eine Laufzeitmessung die Aussortierung der Neutronengeschwindigkeiten gestatten.

Durch das Aussieben schmaler Energiebereiche wird die Intensität der Strahlung stark herabgesetzt. An kleinen Reaktoren muß man deswegen im allgemeinen auf eine differentielle Messung verzichten, und man kann die Transmissionsmethode nur an Messungen integraler (d. h. über das Spektrum gemittelter) Wirkungsquerschnitte demonstrieren.

Praktische Bedeutung haben diese Messungen heute nur noch für Abschirmungsprobleme und für eine einfache und schnelle Überprüfung von Reaktormaterial.

Trotzdem sind einige lehrreiche Aspekte der Neutronenphysik im Zusammenhang mit dem Transmissionsversuch zu behandeln. In einem Vorversuch wird zunächst das geeignetste Streumaterial (Graphit, Plexiglas etc.) ermittelt, das – in optimaler Weise in den zentralen Experimentierkanal des Reaktors eingesetzt – eine möglichst hohe Strahlintensität an der Öffnung des Kanals erzeugt. In diesem Versuch wird nebenbei die mittlere freie Streuweglänge bzw. der makroskopische Streuquerschnitt des eingesetzten Materials ermittelt.

Im eigentlichen Transmissionsexperiment wird dann die optimale Streuanordnung aufgebaut und ein zusätzliches BF_3-Zählrohr vor dem Experimentierkanal so montiert, daß die zu untersuchenden Proben in den Neutronenstrahl zwischen Reaktor und Zählrohr gebracht werden können.

Ein für die Auswertung der Absorptionsmessung erschwerender Effekt ist die sogenannte Flußhärtung: Weil bevorzugt langsame Neutronen absorbiert werden, wird in den inneren Schichten der Probe die Maxwellsche Geschwindigkeitsverteilung, die bei den auftreffenden Neutronen vorausgesetzt ist, zugunsten der weniger geschwächten schnellen (härteren, d. h. durchdringenderen) Neutronen verändert.

Im Experiment kann man diesen Flußhärtungseffekt mit Hilfe eines Satzes von Folien verschiedener Dicke, die man nacheinander in den Strahlengang bringt, demonstrieren.

5.3 Weitere Zusatzeinrichtungen zum Unterrichtsreaktor

5.3.1 Reaktoroszillator

Im Zusammenhang mit der Behandlung der »Danger-Coefficient«-Methode zur Messung von Absorptionsquerschnitten wurde bereits erwähnt, daß diese Methode auf stark absorbierende Proben beschränkt bleibt und man in der Regel ein verfeinertes Verfahren anwendet. Auch in diesem Fall kann nämlich die Meßgenauigkeit durch Übergang zu einem instationären Verfahren wesentlich gesteigert werden.

Dazu bewegt man die Probe periodisch zwischen zwei Positionen im Reaktor, an denen der Absorptionseinfluß verschieden ist. Die damit verbundene periodische Reaktivitätsänderung führt zu Oszillationen der Reaktorleistung. Man kann nun zeigen, daß die Amplitude der Leistungsschwingungen in erster Näherung proportional zum Absorptionsquerschnitt der Probe ist. Es ist durch geeignete elektronische Schaltungen möglich, die Amplitude der Schwankungen unabhängig von der Gesamtleistung zu messen; damit entfallen alle Störungen durch langsamere Reaktivitäts- und Leistungsänderungen, deren Ursachen z. B. in temperaturbedingten Drifterscheinungen liegen.

Ein weiterer Vorteil des Oszillatorverfahrens besteht darin, daß man auch zwei Proben abwechselnd in die Meßstellung bringen kann. Das ist wichtig für die Messung von schwach absorbierenden Materialien, bei denen Moderations- und Absorptionseinfluß von der gleichen Größenordnung sind. Eine genaue Messung ist in diesen Fällen nur möglich, wenn die Probe unbekannter Reinheit mit einer Standardprobe aus dem gleichen Material – d. h. mit den gleichen Moderationseigenschaften – verglichen wird.

Ein solcher Reaktoroszillator ist ein verhältnismäßig billiges Zusatzgerät, das die Einsatzmöglichkeiten des Unterrichtsreaktors als Meßgerät erweitert. Der konstruktive und steuerungstechnische Aufbau der Vorrichtung, die die Proben periodisch in den Reaktor einführt und herauszieht, ist in jeder Werkstatt einfach durchzuführen. Die meßtechnische Seite des Oszillatorexperiments ist im Prinzip ebenfalls aus vorhandenen Bauteilen aufbaubar. Benötigt werden ein Zeitsteuergerät, eine Ionisationskammer oder ein BF_3-Zählrohr mit den zugehörigen Verstärkern, ein Ratemeter und ein Schreiber. Mit dieser Ausrüstung ist das typische Reaktorverhalten im Oszillatorbetrieb erkennbar, und es sind auch einfache Messungen möglich.

Die Verwendbarkeit des Reaktoroszillators wird beträchtlich erweitert durch die Benutzung eines Vielkanalanalysators. Die Meßempfindlichkeit kann dann wesentlich gesteigert werden, da jetzt eine große Zahl von Oszillationen gemessen wird und damit statistische Schwankungen weitgehend ausgemittelt werden.

Die Auswertung der Meßergebnisse erfolgt quantitativ mit einem elektronischen Digitalrechner, so daß bei Verwendung des Vielkanalanalysators mit entsprechenden Ausgabegeräten eine weitgehend automatisierte Messung möglich ist.

Die Verwendung eines Oszillators an einem Unterrichtsreaktor ist deswegen besonders günstig, weil der Nulleistungsreaktor wegen seines kleinen Kerns eine besonders starke Ortsabhängigkeit des Neutronenflusses zeigt und damit auch geringe Absorbermengen einen merklichen Reaktivitätseinfluß erlangen, wodurch wiederum deren Nachweisgrenze herabgesetzt wird.

5.3.2 Unterkritische Anordnung

Ein teures, aber äußerst vielseitig einsetzbares Zusatzgerät zum Unterrichtsreaktor ist eine sogenannte unterkritische (oder Exponential-) Anordnung. Diese besteht aus einem mit Wasser oder einem anderen Moderator gefüllten Tank, in den das (verkleinerte) Modell eines ganzen Reaktorkerns mit Brennstoffstäben, Regelstäben etc. eingesetzt werden kann. Diese Anordnung wird auf eine Quelle thermischer Neutronen gesetzt. Da es sich um ein multiplizierendes Medium handelt, vermehren sich die Quellneutronen im Medium. Andererseits gehen Neutronen durch Absorption und durch Leckung nach außen verloren, so daß sich schließlich ein stationärer Zustand einstellt. Man muß jedoch aus Sicherheitsgründen (Abschirmung) dafür Sorge tragen, daß man keinen zweiten Reaktor erhält, d. h. daß die zugeladene Brennstoffmenge stets um einen bestimmten Betrag unter der kritischen Menge bleibt (vgl. 5.1.2). Dann stellt sich ein mit der Entfernung von der Quelle exponentiell abfallender stationärer Neutronenfluß ein – daher der Name Exponential-Experiment. Aus der gemessenen Relaxationslänge des exponentiellen Abfalls kann eine der wichtigsten Bestimmungsgrößen des geplanten Reaktors, die Flußwölbung B^2, berechnet werden, und zwar unabhängig von der geometrischen Form der verwendeten unterkritischen Anordnung. Damit kann der Einfluß nahezu aller für die neutronenphysikalische Auslegung eines Reaktors wichtigen Parameter experimentell untersucht werden: Brennelementabstände, Moderator-Brennstoffverhältnisse, Absorberstäbe, Gitteranordnungen, Moderatoren, Reflektoren usw.

Aus dieser kurzen Aufzählung ist bereits zu ersehen, daß eine unterkritische Anordnung das universellste Experimentiergerät der Reaktortechnik ist.

Grundsätzlich kann man eine unterkritische Anordnung auch ohne einen Reaktor als

Neutronenquelle aufbauen. Dann entstehen aber dadurch zusätzliche Probleme, daß für die Messung an der unterkritischen Anordnung eine möglichst gleichmäßige Flächenquelle thermischer Neutronen benötigt wird. Diese erhält man durch eine Moderatorschicht (z. B. aus Graphit), die zwischen die im allgemeinen punktförmige Quelle und die unterkritische Anordnung gesetzt wird. Wegen der Neutronenverluste durch Absorption in der Schicht und Leckung aus dem System muß eine starke Neutronenquelle verwendet werden. Dadurch werden aber wieder Abschirmungsprobleme aufgeworfen. Beim Betrieb der unterkritischen Anordnung an einem Reaktor dagegen dient die thermische Säule des Reaktors als ebene Flächenquelle thermischer Neutronen. Die thermische Säule ist jedoch gewöhnlich nach den Seiten hin bereits abgeschirmt durch den biologischen Schild des Reaktors.

Obwohl eine unterkritische Anordnung nach unserer Ansicht das beste und lehrreichste Unterrichtsgerät für alle Studenten der Reaktortechnik darstellt, muß doch gesagt werden, daß eine sinnvolle Ausnutzung in einem normalen vierstündigen Praktikum alleine kaum möglich ist. Vielmehr sind zahlreiche interessante Versuche ihres Umfanges wegen nur für Studien- und Diplomarbeiten geeignet.

5.3.3 Gepulste Neutronenquelle

Die in Abschnitt 5.3.2 behandelte unterkritische Anordnung erreicht ein Maximum an Vielseitigkeit, wenn als weiteres Zusatzgerät eine gepulste Neutronenquelle vorhanden ist. Diese liefert unter Ausnutzung der Deuterium–Tritium-Reaktion

$$H^2 + H^3 \rightarrow He^4 + n + E$$

einen Neutronenstrom der Größenordnung 10^9 Neutronen pro Sekunde mit Impulsbreiten von einigen Mikrosekunden.

Solche künstlichen elektronischen Neutronenquellen sind im kontinuierlichen Betrieb wie ein neutronenemittierendes Präparat einzusetzen. Ihr Hauptvorteil liegt jedoch in der Möglichkeit des Impulsbetriebes bis zu etwa 10^4 Impulsen pro Sekunde. In Verbindung mit einem Vielkanalanalysator sind sehr genaue Messungen der unterkritischen Multiplikation (vgl. Abschnitt 5.1.2), Reaktivität, Neutronenlebensdauer, Zerfallskonstante der Emitter verzögerter Neutronen, Einfang- und Streuquerschnitte usw. möglich. Die Pulsmethode ist die zur Zeit exakteste Meßmethode für negative Reaktivitäten. Sie wird in den Laboratorien der Reaktorindustrie z. B. in Verbindung mit unterkritischen Anordnungen verwendet.

Während es in der industriellen Praxis darauf ankommt, möglichst schnell die Meßergebnisse für einen bestimmten Versuch zu erhalten, hat der Student im Labor der Hochschule ausreichend Zeit und Muße, den Einfluß der einzelnen Pulsparameter und Auswerteverfahren auf die Ergebnisse zu studieren. In diesem Fall scheint es durchaus wichtig zu sein, was der Betreffende während seiner praktischen Ausbildung an Untersuchungen durchgeführt hat.

5.3.4 Korrelationsmeßverfahren

Während die Methoden der gepulsten Neutronenquelle bereits weite Verbreitung gefunden haben, steht man bei der Korrelationsmeßtechnik, einer anderen, ebenfalls instationären Meßmethode, heute erst am Anfang einer noch nicht zu übersehenden Entwicklung. Bei den Korrelationsverfahren werden, grob gesagt, zwei stochastische Prozesse z. B. Neutronenfluß und Regelstabstellung zeitlich miteinander korreliert. Man hofft, später mit Hilfe der Korrelationsmeßtechnik an einem kritischen Reaktor Reaktivitätsmessungen durchführen zu können, ohne den Betrieb des Reaktors wie bei der Methode der Messung der Verdopplungszeit oder der Pulsmethode stören zu müssen. Hier handelt es sich um ein Gebiet, auf dem auch am Unterrichtsreaktor echte Forschungsarbeit geleistet werden kann, und die Studenten in Studien- und Diplomarbeiten daran teilnehmen können. Die Benutzung eines Nulleistungsreaktors für derartige Experimente empfiehlt sich aus zweierlei Gründen: Erstens ist dieser Reaktor, wie bereits erwähnt, besonders einfach und billig im Betrieb und zweitens sind die statistischen Schwankungen des Neutronenflusses bezogen auf den Mittelwert bei den hier in Betracht kommenden Leistungen besonders ausgeprägt, denn ein kleiner Reaktor reagiert bereits auf geringste Reaktivitätsänderungen (vgl. auch Abschnitt 5.3.1).

6. Vorschlag zur Gliederung eines Reaktorpraktikums

Im folgenden soll der Aufbau eines Reaktorpraktikums für Studierende der Fachrichtung Reaktortechnik behandelt werden. Die Auswahl der Versuche stellt einen Kompromiß dar zwischen der Forderung nach einer möglichst ausführlichen und umfassenden Ausbildung der Studierenden und der zur Verfügung stehenden Zeit von höchstens zwei Semestern, d. h. maximal 20 Terminen. Es wurde davon ausgegangen, daß eine optimale Auslegung des Praktikums für einen Studenten der später z. B. an Fragen des Regelsystems eines Reaktors arbeiten will, nicht das anzustrebende Ziel des Praktikums sein kann. Vielmehr wird in diesem Entwurf versucht, ein möglichst vielseitiges Aufgabenprogramm zusammenzustellen, das allen Teilnehmern einen breiten Überblick über die experimentellen Methoden der Reaktorphysik gibt, so daß die Absolventen in der Lage sind, sich später in der Industrie leichter mit den Kollegen der anderen in Abschnitt 2 behandelten Fachgruppen zu verständigen. Diese Zielsetzung deckt sich weitgehend mit der bekannten Forderung der Industrie an die Hochschulabsolventen nach einem möglichst fundierten Grundlagenwissen unter Verzicht auf allzu ausführliches Spezialwissen.

Die hier vorgenommene Aufteilung in eine Gruppe von Versuchen zur Kernphysik und eine Versuchsreihe am eigentlichen Reaktor dient nur der besseren Übersicht und entspricht nicht der Aufteilung des Praktikums über zwei Semester, da aus organisatorischen Gründen in der Regel Versuche aus beiden Gruppen gleichzeitig durchgeführt werden müssen.

6.1 Versuche zur Kernphysik

6.1.1 Grundlagen der Strahlenmeßtechnik und des Strahlenschutzes

An Hand einfacher Messungen mit einem Geiger-Müller-Zählrohr wird eine Einführung in das Prinzip der Strahlenmeßtechnik gegeben, wobei bereits einige für dieses Gebiet typische Erscheinungen herausgestellt werden, z. B. Statistik des radioaktiven Zerfalls, Totzeit eines Zählrohres usw.

Der Versuch wird ergänzt durch praktische Übungen zum Strahlenschutz, um die Praktikumsteilnehmer von vornherein mit den Forderungen des betrieblichen Strahlenschutzes zu konfrontieren und alle mit der Handhabung der entsprechenden Geräte vertraut zu machen. Zum Versuch gehören Ortsdosisbestimmungen ebenso wie Aufspürung radioaktiver Verunreinigungen und Aufbau und Ausmessung von Abschirmungen für Gammastrahlen und Neutronen.

6.1.2 Elektronik der Strahlenmeßtechnik

Die wesentlichen elektronischen Bausteine eines Strahlenmeßgerätes: Verstärker, Einkanaldiskriminator und Zählgerät werden vorgestellt. Ihre Funktionsweise wird durch Variation verschiedener Parameter erläutert. Die technischen Begrenzungen der einzelnen Elemente werden demonstriert, z. B. die Erhöhung der Totzeit eines Verstärkers infolge zu hoher Impulsraten. Die Übung wird abgeschlossen durch eine Messung der Totzeit verschiedener Detektoren mittels eines Kathodenstrahloszillographen und die Verfolgung der Zählrohrimpulse durch Verstärker, Diskriminator und Impulsformer zum Zählgerät.
Gegebenenfalls wird auch auf die Besonderheiten der für Halbleiterdetektoren notwendigen Elektronik eingegangen.
Dieser Versuch soll auch dem Maschinenbauer einen ersten Einblick in die Arbeitsweise der in der Strahlenmeßtechnik verwendeten elektronischen Geräte bieten.

6.1.3 Gesetze des radioaktiven Zerfalls – Statistik

Im folgenden Versuch stehen die physikalischen Gesetze des radioaktiven Zerfalls im Vordergrund und es werden die Forderungen abgeleitet, die an eine methodisch einwandfreie Strahlenmessung zu stellen sind.
Zunächst wird ein kurzlebiges radioaktives Präparat (z. B. Silber) im Unterrichtsreaktor hergestellt und die Abklingkurve der Radioaktivität nach Beendigung der Bestrahlung gemessen. Dabei wird ein Verfahren gewonnen, wie man aus einem Gemisch radioaktiver Strahler verschiedener Halbwertszeiten die Intensität der einzelnen Komponenten bestimmt. Bekanntlich erfolgt der radioaktive Zerfall eines Atomkerns nach rein statistischen Gesetzen (Poisson-Verteilung). In der Versuchsanleitung wird daher eine Einführung in die mathematische Statistik gegeben. Im Versuch werden die abgeleiteten Funktionen durch einfache Reihenmessungen überprüft. Daraus resultiert ein Verfahren zur Prüfung einer Zählanordnung auf statistische Reinheit, d. h. zur Erkennung meßtechnischer Fehler. Außerdem wird ersichtlich, weshalb bei allen Kernprozessen eine bestimmte Mindestanzahl von Ereignissen registriert werden muß, um eine bestimmte Genauigkeit der Meßgröße (z. B. Zählrate) zu erhalten.
Der Versuch ist gedacht als Einführung in die für die praktische Meßtechnik wichtigsten Besonderheiten der Kernstrahlung gegenüber »konventionellen« Meßgrößen.

6.1.4 Szintillationszähler – Gammaspektrometrie

Als einer der wichtigsten Detektoren für Gammastrahlung wird der Szintillationszähler in einem besonderen Versuch behandelt. Es wird der Einfluß verschiedener Parameter auf die Arbeitsweise des Photomultipliers untersucht. Weiterhin wird an einem einfachen Beispiel die praktische Durchführung der Gammaspektrometrie mittels eines NaJ-Kristalls als Detektor und eines Ein- oder Vielkanalimpulshöhenanalysators erläutert. Die Gammaspektrometrie ist eines der wichtigsten Verfahren zur zerstörungsfreien Analyse der chemischen Bestandteile einer Probe.
In diesem Zusammenhang kann auf die Bedeutung der Aktivierungsanalyse als Hilfsmittel zur Entdeckung und quantitativen Bestimmung chemisch kaum noch nachweis-

barer Verunreinigungen in der zu untersuchenden Probe hingewiesen werden. Die Probe wird in einem Neutronenfeld bestrahlt, wobei verschiedene Elemente durch Neutroneneinfangreaktionen radioaktiv werden (vgl. Abschnitte 5.2.3 und 5.2.4). Zur Identifizierung der entstandenen radioaktiven Strahler bedient man sich mit Vorliebe der Gammaspektrometrie. Zur Steigerung der Empfindlichkeit des Meßverfahrens müssen – insbesondere bei komplexen Gammaspektren – ein Vielkanalanalysator und numerische Auswerteverfahren verwendet werden.

In diesem Versuch werden also einmal der Szintillationszähler als bester Detektor für Gammastrahlung vorgestellt und zum anderen eine Einführung in eine interessante und neuartige Meßmethode gegeben.

6.1.5 Betastrahlung – Gammaabsorption – Schichtdickenmessung

Ein weiterer Versuch behandelt Messungen an Betastrahlern, wobei insbesondere die Korrekturen für Selbstabsorption im Präparat, Absorption in der Luft und im Zählrohrfenster sowie die Rückstreuung in der Meßapparatur unterstrichen werden. Mit Hilfe einer Reihe von geeichten Absorbern (z. B. aus Aluminium) verschiedener Dicke wird die Reichweite der vorliegenden Betastrahlung bestimmt und daraus die maximale Energie der Strahlung berechnet. An einem einfachen Beispiel wird gezeigt, wie man bei einem zusammengesetzten Zerfallsschema bei gleichzeitigem Auftreten von Gammastrahlung vorzugehen hat (Feather-Analyse).

Ein zweiter Teil des Versuches befaßt sich mit der Absorption von Gammastrahlung durch Materie. Es wird die Intensität der Strahlung hinter verschieden starken Blei- und Kupferschichten gemessen und daraus ein Verfahren zur Schichtdickenmessung abgeleitet. Meßverfahren nach diesem Prinzip werden bereits seit längerem in der Industrie für die verschiedensten Probleme angewendet.

Obwohl in diesen Experimenten keine direkte Anwendung der Kerntechnik behandelt wird, sollen die Teilnehmer doch die wesentlichen Kenntnisse erhalten, die sie für eine eventuelle Anwendung in ihrem späteren Beruf benötigen – unabhängig davon, ob sie in der Reaktorindustrie arbeiten werden oder in einem ganz anderen Wirtschaftszweig.

6.1.6 Gasdurchflußzähler

Im zuletzt beschriebenen Versuch werden eingehend die Korrekturen behandelt, die bei der Messung von Betastrahlern in gewöhnlichen Zählanordnungen zu berücksichtigen sind. Es zeigte sich, daß der Geometriefaktor der Zählanordnung infolge der Rückstreuung der Betastrahlen an den Wänden und an der Präparatunterlage entscheidenden Einfluß auf die Höhe der gemessenen Zählrate hat. Aus dem Bestreben heraus, nach Möglichkeit eine Absolutmessung der Aktivität einer Probe durchführen zu können, wurden spezielle Zähler entwickelt, bei denen das Präparat direkt ins Zählvolumen eingebracht werden kann. Meist sind diese dann in 4π-Geometrie ausgeführt, damit auch der Einfluß der Präparatunterlage verschwindet.

Im vorliegenden Versuch wird die Arbeitsweise solcher 4π-Zähler erläutert, und es werden Absolutmessungen an verschiedenen Präparaten durchgeführt. Durch eine Meßreihe mit gleichartigen Präparaten verschiedener Dicke kann der Selbstabschirmungsfaktor (Absorption der Betastrahlen im Präparat selbst) bestimmt werden. Er ist eine der wichtigsten Korrekturgrößen bei der Aktivitätsbestimmung von Betastrahlern und geht daher auch wesentlich in die Neutronenflußbestimmung mittels Aktivierungssonden ein.

34

6.1.7 Messungen an einer Koinzidenzanordnung

Radioaktive Isotope, die bei einem Zerfall zwei oder mehrere Teilchen aussenden, lassen sich sehr elegant mit Hilfe einer Koinzidenzanordnung absolut vermessen. Dazu werden im einfachsten Fall zwei Detektoren so zusammengeschaltet, daß nur dann ein Zähler angesteuert wird, wenn in beiden Detektoren gleichzeitig ein Impuls ausgelöst wird. Man kann zeigen, daß zwischen der Aktivität eines Präparates und der Zählrate der Koinzidenzen sowie den Einzelzählraten ein einfacher Zusammenhang besteht.
Im Versuch wird eine Koinzidenzmeßanordnung aufgebaut und ihre Arbeitsweise bei Variation verschiedener Parameter untersucht. Es werden ferner geeignete Präparate oder im Reaktor aktivierte Goldfolien vermessen. Der Koinzidenzversuch gibt einerseits interessante Einblicke in die physikalischen Zusammenhänge bestimmter Kernprozesse (z. B. Winkelkorrelationen), andererseits stellt er eine Vorbereitung dar für die Absolutbestimmung des Neutronenflusses im Reaktor. Er behandelt ausführlich die Methode, die in allen Laboratorien üblicherweise für Neutronenflußmessungen nach dem Verfahren der Folienaktivierung (vgl. Abschnitt 5.2.4) benutzt wird.

6.1.8 Nachweis von Neutronen

Es wird das Betriebsverhalten der wichtigsten Neutronendetektoren untersucht: BF_3-Zählrohr und -Ionisationskammer, Li-Szintillationssonde und Halbleiterdetektoren. Dazu gehört die Festlegung des Arbeitsbereiches der einzelnen Detektoren bzw. angeschlossenen Meßgeräte und eine Diskussion der Einsatzmöglichkeiten des jeweiligen Detektors, z. B. bei Berücksichtigung der Gammaempfindlichkeit.
Im zweiten Teil wird das Verfahren der Neutronenflußmessung mit Aktivierungssonden behandelt, soweit das nicht schon in den Versuchen 6.1.3, 6.1.4 oder 6.1.7 geschehen ist.
Dieser Versuch gibt Gelegenheit, sämtliche in der experimentellen Reaktorphysik gebräuchlichen Neutronendetektoren kennenzulernen (vgl. auch Abschnitt 5.2.3).

6.2 Versuche am Unterrichtsreaktor

6.2.1 Anfahrübung

In diesem Versuch lernt der Student den Unterrichtsreaktor in Aufbau, Instrumentierung, Bedienung und Betriebsverhalten kennen. Dazu wird zunächst die tägliche Funktionsprüfung durchgeführt und anschließend das qualitative Reaktorverhalten für die wichtigsten Betriebssituationen demonstriert (vgl. Abschnitt 5.1.1).
Diese Übung vermittelt einen ersten Eindruck vom Betriebsverhalten des Unterrichtsreaktors und macht die Praktikumsteilnehmer mit der Bedienung des Reaktors vertraut.

6.2.2 Regelstabeichung

Als einfachste und an jedem Reaktor durchführbare Reaktivitätsmessung werden die Regelstäbe nach der Methode der Verdopplungszeitmessung geeicht (vgl. Abschnitt 5.1.3).
Diese Methode wird wegen ihrer Einfachheit in der Praxis am Kraftwerksreaktor ebenso durchgeführt wie am Forschungsreaktor.

6.2.3 Neutronenflußdichteverteilung im Reaktor

Im zentralen horizontalen Experimentierkanal wird die radiale Neutronenflußdichteverteilung mit Aktivierungssonden relativ und gegebenenfalls auch absolut gemessen

(vgl. Abschnitt 5.2.4). Daraus wird der Reflektorgewinn des Reaktors bestimmt.
Die Messung ist ein typisches Beispiel für Neutronenflußmessungen nach der Aktivierungsmethode.

6.2.4 Einflußfunktionen

Wie in Abschnitt 5.1.4 beschrieben, werden die Einflußfunktionen für Absorber- und Streumaterial aufgenommen. Aus letzterer erhält man als Materialkonstante die mittlere freie Streuweglänge und eine optimale Stellung des Streumaterials relativ zum Kern für das Transmissionsexperiment.
Dieser Versuch ist ein praktisches Beispiel zur Störungsrechnung, die – rein rechnerisch behandelt – meist sehr abstrakt und unanschaulich bleibt.

6.2.5 Transmissionsexperiment

Als Beispiel für das Arbeiten mit Neutronenstrahlen (Umlenken, Ausblenden) sowie für die Messung totaler Wirkungsquerschnitte dient das Transmissionsexperiment (vgl. Abschnitt 5.2.5).

6.2.6 Neutronenspektrum

Als weiterer Grundlagenversuch zur Neutronenphysik ist die Messung des Reaktorspektrums, d. h. der Energieabhängigkeit der Neutronendichte im Reaktor gedacht. Es werden die Cadmium-Differenzmethode und Schwellwertsonden benutzt, um das Spektrum – wenigstens stückweise – zu bestimmen. Auch für diejenigen Praktikumsteilnehmer, die später nie derartige Messungen durchführen müssen, ist dieser Versuch wichtig, da er einen Einblick in die Methoden zur Messung eines Neutronenspektrums und ihre Genauigkeit vermittelt. Wegen der starken Energieabhängigkeit der meisten Wirkungsquerschnitte ist die Messung bzw. Berechnung des Neutronenspektrums eine der wichtigsten Aufgaben beim Entwurf eines Reaktors.

6.2.7 Reaktoroszillator

Zur Demonstration, wie auch ein Nulleistungsreaktor als Meßgerät verwendet werden kann, wird eine Messung des Absorptionsquerschnitts einer Probe mit dem Reaktoroszillator durchgeführt. Wie bereits in Abschnitt 5.3.1 angedeutet, eignet sich die Oszillatormethode vorzüglich, um geringste Verunreinigungen aus stark absorbierendem Material in einem Moderator nachzuweisen. Dieser Versuch zeigt, welch starke Reinheitsforderungen an Reaktormaterialien zu stellen sind, und wie eine verhältnismäßig einfache Prüfung möglich ist.

6.2.8 Halbwertszeiten der verzögerten Neutronen

Bei der Kernspaltung entsteht ein geringer Prozentsatz der freiwerdenden Neutronen erst nach einer gewissen Verzögerungszeit. Durch diese verzögerten Neutronen wird das Regelverhalten eines Reaktors entscheidend bestimmt, da die Verzögerungszeiten lang sind (bis zu einer Minute) im Vergleich zur Lebensdauer der prompten Neutronen im Reaktor (etwa 10^{-4} sec). Man rechnet im allgemeinen mit 6 Gruppen verzögerter Neutronen unterschiedlicher »Halbwerts-« oder Verzögerungszeiten.

36

Der Versuch behandelt eine Meßmethode zur Bestimmung der Halbwertszeiten der langlebigsten Gruppen. Es ist die Verwendung eines Vielkanalanalysators notwendig. Wegen der außerordentlichen Bedeutung der verzögerten Neutronen für die Regelfähigkeit eines Reaktors ist dieser Versuch von allgemeinem Interesse.

6.2.9 Messungen mit einer gepulsten Neutronenquelle

Bei Messungen mit einer gepulsten Neutronenquelle können mehrere Parameter variiert werden: Pulsfrequenz, Pulslänge, Kanalbreite am Vielkanalanalysator oder relative Lage des Neutronendetektors zur Quelle.
Im Praktikum werden für das gleiche Meßproblem (z. B. Bestimmung der unterkritischen Multiplikation) die Pulsparameter variiert und ihr Einfluß auf die Meßwerte untersucht. Auf diese Weise wird eine gründliche Einführung in diese wichtige Meßtechnik gegeben.

6.2.10 Reaktivitätsbestimmung mittels einer gepulsten Neutronenquelle

Es wird die Reaktivitätskennlinie der Regelplatten oder der unteren Kernhälfte des Unterrichtsreaktors mit Hilfe einer gepulsten Neutronenquelle aufgenommen.
Unter Verwendung dieser Meßtechnik sind die zur Zeit genauesten Reaktivitätsmessungen im unterkritischen Zustand möglich. Es erscheint daher sinnvoll, dieses Verfahren im Praktikum zu behandeln, zumal es in der Praxis (z. B. an einer unterkritischen Anordnung) stets angewendet wird.

6.2.11 Unterkritische Anordnung

Falls eine unterkritische Anordnung vorhanden ist, sollte mindestens ein Praktikumsversuch daran durchgeführt werden, um wenigstens das Meßprinzip an derartigen Systemen kennenzulernen.
Wenn Firmen der Reaktorindustrie für ihre Experimente zur Reaktorphysik keinen eigenen Nulleistungsreaktor haben, so ist doch in der Regel eine unterkritische Anordnung vorhanden, an der die verschiedensten Fragen zur neutronenphysikalischen Auslegung eines Reaktors untersucht werden.

6.2.12 Analogrechner

Aufgaben an einem Reaktorsimulator oder besser noch Analogrechner ergänzen sehr gut die praktische Ausbildung am Unterrichtsreaktor. Durch Verwendung der Daten des Nulleistungsreaktors kann die Güte der für Analogrechnungen üblichen Näherungen im Vergleich zu den Messungen am Reaktor untersucht werden.

7. Beurteilung der Ausbildungsmöglichkeiten an einem Unterrichtsreaktor

Wie aus den Abschnitten 2 und 3 hervorgeht, gibt es keine eng begrenzten und klar definierten Tätigkeitsmerkmale des Reaktortechnikers schlechthin in der Industrie. Die Aufgaben richten sich vielmehr ganz nach den Erfordernissen der jeweiligen Abteilung, in der der Betreffende arbeitet. Die Vielfalt dieser Aufgaben bzw. Abteilungen reicht von der numerischen Berechnung neutronenphysikalischer Zusammenhänge bis zum Vertrieb schlüsselfertiger Kraftwerke.

Aus diesem Grunde ist es nicht möglich, ein Praktikum aufzubauen, das im Hinblick auf ihre spätere Tätigkeit für alle Absolventen in gleicher Weise optimal ausgelegt ist. Eine solche Spezialausbildung ist auch nicht die Aufgabe der Hochschule, deren Ziel es vielmehr sein muß, ein möglichst breites Grundlagenwissen zu vermitteln. Diese Zielsetzung deckt sich mit der generellen Forderung der Industrie an die Hochschulabsolventen nach einer fundierten Grundausbildung unter Verzicht auf jegliches Spezialwissen. Im Fall der praktischen Ausbildung auf dem Gebiet der Reaktortechnik heißt das: Es spielt keine Rolle, was der Betreffende während seiner Ausbildung gemessen hat, sondern nur, daß er experimentell gearbeitet hat.

Im Sinne einer gründlichen Allgemeinausbildung wurde in Abschnitt 6 ein Versuchsprogramm zusammengestellt, das – im Rahmen der Möglichkeiten eines Unterrichtsreaktors – einen umfassenden Überblick über die experimentellen Methoden der Reaktorphysik gibt. Dadurch wird es dem Absolventen später leichter gemacht, sich mit den Kollegen der anderen oben erwähnten Abteilungen und Fachgruppen zu verständigen.

Es muß jedoch gesagt werden, daß für die hier aufgeführten Versuche eine nahezu komplette Ausstattung an Zusatzgeräten zum eigentlichen Reaktor vorausgesetzt wurde. Leider sind diese Geräte in der Regel verhältnismäßig teuer, so daß nicht in allen Fällen sämtliche Zusatzgeräte vorhanden sein werden, wodurch die Ausbildungsmöglichkeiten am Unterrichtsreaktor unter Umständen stark eingeschränkt sind. Für den Siemens-Unterrichts-Reaktor der Rheinisch-Westfälischen Technischen Hochschule Aachen z. B. sind wegen der derzeitigen angespannten Haushaltslage außer dem Reaktor nur zwei einfache Strahlenmeßplätze vorhanden, so daß gerade die wichtigsten und lehrreichsten Versuche an einer unterkritischen Anordnung oder mit einer gepulsten Neutronenquelle nicht möglich sind. Damit sind die Einsatzmöglichkeiten dieses Reaktors insbesondere für Studien- und Diplomarbeiten stark reduziert.

8. Zusammenfassung

Nach einer Schilderung der vielfältigen speziell die Kerntechnik betreffenden Tätigkeitsgebiete für Ingenieure in der Reaktorbauindustrie und im Kernkraftwerk werden am Beispiel des Siemens-Unterrichts-Reaktors die Einsatzmöglichkeiten eines Nulleistungsreaktors für die praktische Ausbildung im Fach Kerntechnik an einer Hochschule untersucht.

Es zeigt sich, daß die Anzahl der am Reaktor alleine durchführbaren Versuche verhältnismäßig gering ist, daß aber durch die Anschaffung weiterer Zusatzgeräte (gepulste Neutronenquelle, Vielkanalanalysator und unterkritische Anordnung) der Einsatzbereich des Unterrichtsreaktors wesentlich erweitert werden kann. Das gilt insbesondere für den Bereich der Studien- und Diplomarbeiten.

Es wird eine Gliederung für den Aufbau eines zweisemestrigen Praktikums vorgeschlagen, das alle am Unterrichtsreaktor gegebenen Möglichkeiten ausgenutzt und so ausgelegt ist, daß den Teilnehmern ein möglichst breites »Spektrum« an Grundlagenversuchen zu den experimentellen Methoden der Reaktorphysik geboten wird.

9. Literaturverzeichnis

HILDENBRAND, G., und P. HÖHNE, Der Siemens-Unterrichts-Reaktor SUR und seine Verwendung im Rahmen kerntechnischer Praktika. Kerntechnik **4** (1962), H. 4, S. 141–147.

Kerntechnische Ausbildung und Praxis. Schriftenreihe des Deutschen Atomforums e.V., Heft 9 (1965).

HILDENBRAND, G., P. HÖHNE und E. SCHWARZ, Der Siemens-Unterrichts-Reaktor SUR. Atomwirtschaft **7** (1962), H. 4, S. 209–214.

HILDENBRAND, G., und E. SCHWARZ, Siemens-Unterrichts-Reaktor SUR, Teil 2: Reaktorbeschreibung. SSW – 1963.

Sicherheitsbericht für den SUR Aachen.

HÖHNE, P., Siemens-Unterrichts-Reaktor SUR, Teil 3: Reaktorexperimente. SSW – 1963.

STURM, W. J., Reactor Laboratory Experiments. ANL – 6410 (1961).

Forschungsberichte
des Landes Nordrhein-Westfalen
Herausgegeben im Auftrage des Ministerpräsidenten Heinz Kühn
von Staatssekretär Professor Dr. h. c. Dr. E. h. Leo Brandt

Sachgruppenverzeichnis

Acetylen · Schweißtechnik

Acetylene · Welding gracitice
Acétylène · Technique du soudage
Acetileno · Técnica de la soldadura
Ацетилен и техника сварки

Arbeitswissenschaft

Labor science
Science du travail
Trabajo científico
Вопросы трудового процесса

Bau · Steine · Erden

Constructure · Construction material ·
Soil research
Construction · Matériaux de construction ·
Recherche souterraine
La construcción · Materiales de construcción
Reconocimiento del suelo
Строительство и строительные материалы

Bergbau

Mining
Exploitation des mines
Minería
Горное дело

Biologie

Biology
Biologie
Biologia
Биология

Chemie

Chemistry
Chimie
Quimica
Химия

Druck · Farbe · Papier · Photographie

Printing · Color · Paper · Photography
Imprimerie · Couleur · Papier · Photographie
Artes gráficas · Color · Papel · Fotografía
Типография · Краски · Бумага · Фотография

Eisenverarbeitende Industrie

Metal working industry
Industrie du fer
Industria del hierro
Металлообрабатывающая промышленность

Elektrotechnik · Optik

Electrotechnology · Optics
Electrotechnique · Optique
Electrotécnica · Optica
Электротехника и оптика

Energiewirtschaft

Power economy
Energie
Energía
Энергетическое хозяйство

Fahrzeugbau · Gasmotoren

Vehicle construction · Engines
Construction de véhicules · Moteurs
Construcción de vehículos · Motores
Производство транспортных · Средств

Fertigung

Fabrication
Fabrication
Fabricación
Производство

Funktechnik · Astronomie

Radio engineering · Astronomy
Radiotechnique Astronomie
Radiotécnica · Astronomía
Радиотехника и астрономия

Gaswirtschaft

Gas economy
Gaz
Gas
Газовое хозяйство

Holzbearbeitung

Wood working
Travail du bois
Trabajo de la madera
Деревообработка

Hüttenwesen · Werkstoffkunde

Metallurgy · Materials research
Métallurgie · Materiaux
Metalurgia · Materiales
Металлургия и материаловедение

Kunststoffe

Plastics
Plastiques
Plásticos
Пластмассы

Luftfahrt · Flugwissenschaft

Aeronautics · Aviation
Aéronautique · Aviation
Aeronáutica · Aviación
Авиация

Luftreinhaltung

Air-cleaning
Purification de l'air
Purificación del aire
Очищение воздуха

Maschinenbau

Machinery
Construction mécanique
Construcción de máquinas
Машиностроительство

Mathematik

Mathematics
Mathématiques
Mathemáticas
Математика

Medizin · Pharmakologie

Medicine · Pharmacology
Médecine · Pharmacologie
Medicina · Farmacología
Медицина и фармакология

NE-Metalle

Non-ferrous metal
Metal non ferreux
Metal no ferroso
Цветные металлы

Physik

Physics
Physique
Física
Физика

Rationalisierung

Rationalizing
Rationalisation
Racionalización
Рационализация

Schall · Ultraschall

Sound · Ultrasonics
Son · Ultra-son
Sonido · Ultrasónico
Звук и ультразвук

Schiffahrt

Navigation
Navigation
Navegación
Судоходство

Textilforschung

Textile research
Textiles
Textil
Вопросы текстильной промышленности

Turbinen

Turbines
Turbines
Turbinas
Турбины

Verkehr

Traffic
Trafic
Tráfico
Транспорт

Wirtschaftswissenschaften

Political economy
Economie politique
Ciencias económicas
Экономические науки

Einzelverzeichnis der Sachgruppen bitte anfordern

Westdeutscher Verlag · Köln und Opladen
567 Opladen/Rhld., Ophovener Straße 1–3, Postfach 1620

GPSR Compliance
The European Union's (EU) General Product Safety Regulation (GPSR) is a set
of rules that requires consumer products to be safe and our obligations to
ensure this.

If you have any concerns about our products, you can contact us on

ProductSafety@springernature.com

In case Publisher is established outside the EU, the EU authorized
representative is:

Springer Nature Customer Service Center GmbH
Europaplatz 3
69115 Heidelberg, Germany